Ruhr-Universität Bochum
Fakultät für Bauingenieurwesen
Institut für Konstruktiven Ingenieurbau
Aerodynamik im Bauwesen
Prof. Dr.-Ing. H.-J. Niemann

Genehmigte Fassung der Dissertationsschrift

NUMERISCHE SIMULATION DER VERSPERRUNGSEFFEKTE BEI GESCHLOSSENEN WINDKANALMESSSTRECKEN

vorgelegt von

Mahmoud Akbari-Pour

Zur Erlangung des Grades Doktor-Ingenieur (Dr.-Ing.)

Bochum, im November 2002
Herstellung: Books on Demand GmbH
ISBN 3-8311-4759-0

Meiner Frau, Arezoo, gewidmet

Kurzfassung

In der vorliegenden Arbeit wird der Einfluss der Versperrungen bei geschlossenen Windkanalmessstrecken untersucht. Es wird ein Verfahren vorgestellt, das eine Korrektur des Widerstandsbeiwerts ermöglicht. Des weiteren wird eine Methode vorgestellt, wonach die Oberflächendruckbeiwerte korrigiert werden können. Zur Überprüfung der Korrekturmethoden wird ein numerisches Verfahren eingesetzt. Die hergeleiteten Korrekturmethoden für den Widerstands- bzw. Oberflächendruckbeiwert beinhalten bei der zweidimensionalen Strömung die Grenzschichthöhe, das Windprofil und die Modellhöhe. Anhand der Parameterstudien mit numerischen Tools werden die Methoden auf beliebige Körperformen sowohl für zwei- als auch für dreidimensionale Strömungen erweitert.

Abstract

In the present work, the influence of the blockage at closed wind tunnels will be examined. A procedure will be presented, which allows for the correction of the coefficient of drag. Furthermore a method will be presented, demonstrating how the surface pressure can be corrected. To examine the correction method, a numeric procedure will be used. The deduced correction methods for the drag and pressure coefficient at the boundary layer height contain the wind profile, the model height and the two-dimensional flow. On the basis of the parametrical studies with numeric procedures, the methods will be extended to arbitrary bodies both for two and three-dimensional flows.

Vorwort

Die vorliegende Arbeit entstand in den Jahren 1996 bis 2002 als Dissertation während meiner Tätigkeit als Doktorand in der „Arbeitsgruppe Aerodynamik im Bauwesen" am Institut für Konstruktiven Ingenieurbau der Ruhr-Universität Bochum. Allen Personen, die für die Erschaffung dieser Arbeit beigetragen haben, sei herzlich gedankt.

Ich möchte mich bei Herren Prof. Dr.-Ing. H.-J. Niemann für die Ermöglichung und Anregung zu dieser Arbeit, die wissenschaftliche Betreuung und intensive Unterstützung und die Übernahme des Hauptreferats bedanken. Bei Herrn Prof. Dr. G. Schmid, Ph. D. bedanke ich mich für sein freundliches Interesse an meiner Arbeit und für die Übernahme des zweiten Fachgutachtens.

Weiterhin gilt mein Dank allen Kollegen für die konstruktive Zusammenarbeit und fruchtbaren Diskussionen.

Bochum, im November 2002   Mahmoud Akbari-Pour

Dissertation eingereicht: 03.06.2002
Tag der mündlichen Prüfung: 23.09.2002

1 Einleitung 1
1.1 Problemstellung 1
1.2 Stand der Erkenntnisse über die Korrekturverfahren der Versperrungseffekte 2
1.2.1 Das Spiegelungsprinzip 2
1.2.2 Korrekturverfahren nach Maskell und seine Erweiterungen 5
1.2.3 Korrekturverfahren nach Mercker 8
1.3 Ziel und Aufbau der Arbeit 10

2 Theorie und Numerik der Strömungssimulation 13
2.1 Strömungsmodelle 13
2.2 Erhaltungsgleichungen 14
2.3 Simulationsverfahren 15
2.4 Turbulenzmodelle 16
2.5 Modifikation des Standard k-ε Modells 22
2.6 Diskretisierungsmethoden 26
2.6.1 Randbedingungen 27
2.6.2 Wandgesetz 29
2.7 Gittertopologie 33
2.8 Zusammenfassung der Erkenntnisse über numerische Methoden 34

3. Modellierung mit dem CFD-Code CFX 36
3.1 Charakteristische Merkmale der standard-Software 36
3.2 Netzgenerierung 37
3.3 Numerisches Lösungsverfahren und Modifikation des Programms 38

4 Validierung des numerischen Verfahrens 41
4.1 Aerodynamische Beiwerte bei der Körperumströmung 41
4.2 Experimentelle Untersuchungen von Castro & Robins 42
4.3 Vergleich mit verwendeten Turbulenzmodellen 46

5 Herleitung einer Korrekturmethode bei geschlossenen Windkanalmessstrecken 50
5.1 Strömungsfeld durch Versperrung im Kanal 50
5.2 Entwicklung einer Methode zur Korrektur des Widerstands-   beiwertes 53
5.3 Entwicklung einer Methode zur Korrektur der Druckverteilung 59

6 Anwendung und Validierung der Methode zur Versperrungskorrektur 63
6.1 Korrektur zweidimensional umströmter Modelle 63
6.1.1 Modellgeometrie 63
6.2 Variation der Einflussparameter 66
6.2.1 Einfluss der Reynoldszahl 66
6.2.2 Einfluss der Längenverhältnis l/h 67
6.2.3 Einfluss des Windprofils α 67
6.2.4 Einfluss der Grenzschichthöhe 68
6.2.5 Einfluss der Turbulenz 69
6.3 Korrektur des Widerstandbeiwertes der 2D umströmten Modelle 69
6.4 Korrektur der Oberflächendrücke 75
6.5 Dreidimensional umströmte Modelle 78
6.6 Modellgeometrie 78
6.7 Variation der Einflussparameter 80

6.7.1	Einfluss der Seitenlängen h/b und der Grenzschichthöhe δ/h	80
6.7.2	Einfluss der Anströmwinkel θ	81
6.8	Korrektur des Widerstandsbeiwertes der 3D umströmten Modelle	82
6.9	Korrektur der Oberflächendrücke	91

7. Zusammenfassung *95*

8 . Literaturverzeichnis *101*

Kapitel 1

1 Einleitung

Ziel dieses einleitenden Kapitels ist die Darstellung der in dieser Arbeit behandelten Problemstellung der numerischen Untersuchung der Versperrungseffekte. In einem ersten Abschnitt dieser Arbeit wird der generelle Zusammenhang der Versperrungseffekte erörtert. Danach wird eine Literaturübersicht über vorhandene experimentelle Arbeiten gegeben. Abschließend wird die Zielsetzung und die Vorgehensweise dieser Arbeit erläutert.

1.1 Problemstellung

Die Untersuchung der Strömungsphänomene in der Gebäudeaerodymanik gehört zu einer der wichtigsten Aufgaben im Bauingenieurwesen. Um Informationen über die auftretenden Druckbelastungen oder auch Schwingungsanregungen zu erhalten, gibt es die Möglichkeit diese Phänomene direkt an Bauwerken in der Natur zu untersuchen. Aufgrund der realen geographischen und meteorologischen Verhältnisse werden hier exakte Ergebnisse erzielt.
Eine andere Alternative wäre durch Windkanalversuche bereits im Vorfeld über die möglichen Besonderheiten bei der Umströmung eines Körpers Aussagen zu treffen. Die Nachbildung einer natürlichen Geschwindigkeits- und Turbulenzverteilung, sowie die Modellierung des zugehörigen Turbulenzenergiespektrums gehört zu den Aufgaben der Windkanaltechnik. Wenn die strömungsmechanische Ähnlichkeit der Strömungsfelder nicht gegeben ist, dürfen die Messungen am Modell im Windkanal nur mit Einschränkung auf das Original übertragen werden.
Einen weiteren Einfluss auf die Übertragbarkeit der Messergebnisse der Modellversuche hat die endliche Strahlgrenze[1] und der daraus resultierende Versperrungsgrad (gemeint ist das Verhältnis der senkrecht angeströmten Stirnfläche des Modells zu Querschnittsfläche des Kanals). Bei der Durchführung von Windkanalexperimenten dürfen die Windkanalwände und –decken die Strömungsverhältnisse um das zu untersuchende Bauwerksmodell nicht wesentlich verändern. Um aber eine hohe Übereinstimmung der Ähnlichkeitskennzahlen (wie z.B. Reynoldszahl und Geschwindingkeitsprofil) zwischen Modell und Original zu erzielen,

---

1) Gemeint ist die physikalische Begrenzung der simulierten Strömung durch Wände, Boden und Decke des Windkanals

ist es empfehlenswert, die Messungen an größeren Modellen zu untersuchen. Außerdem ist es dann leichter, die Messwertaufnehmer im Modell unterzubringen. Bei der Verwendung größerer Modelle ist es von großer Bedeutung, die Beeinflussungen durch den Windkanal zu untersuchen.
Die Abbildung 1.1 verdeutlicht die aerodynamischen Veränderungen bei der Umströmung eines Modells. Es ist offensichtlich, dass die festen Wände eine Ausbreitung der Strömung verhindern, was bei einer unbegrenzten Strömung nicht der Fall ist. Die Geschwindigkeitserhöhung aufgrund der Kontinuitätsbedingung um den Körper verursacht eine Erhöhung der Kräfte auf dem Körper. Diese Art von Beeinflussung infolge der Querschnittsgeometrie des Windkanals werden Versperrungs- oder Blockierungseffekte genannt.

a)   b)

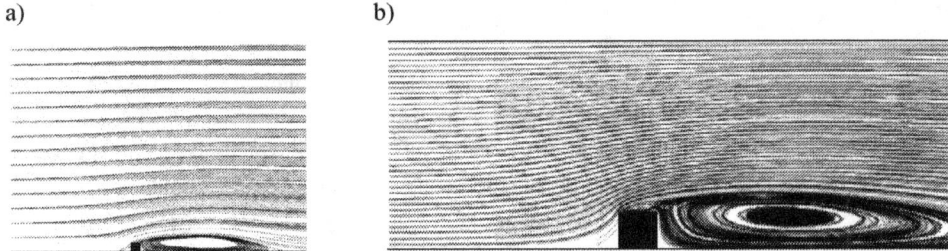

Abbildung 1.1: Stromlinienverlauf bei der Umströmung eines Modells in einer Grenzschicht-Strömung:
a) weiträumige Umströmung
b) eingegrenzte Umströmung

1.2 Stand der Erkenntnisse über die Korrekturverfahren der Versperrungseffekte

Zur Behebung des Einflusses der festen Wände auf die Umströmung eines Modellkörpers sind in den letzten Jahrzehnten eine Vielzahl von Korrekturverfahren entwickelt worden. Diese Methoden basieren auf theoretisch-empirischen, numerischen und experimentellen Ansätzen. Durch Einbeziehen zusätzlicher Faktoren werden in der Regel die theoretisch behandelten Korrekturverfahren auf bestimmte Körperformen abgestimmt.
Im folgenden wird auf die wichtigsten und in der Literatur am häufigsten verwendeten Korrekturverfahren für Versperrungseffekte eingegangen.

1.2.1 Das Spiegelungsprinzip

Die ersten Untersuchungen auf dem Gebiet zur Berechnung und Korrektur von Versperrungseffekten gehen auf Lock [19], Glauert [11] und Thom [51] zurück. Diese Korrekturmethoden, die mit dem Potentialtheorie-Ansatz durchgeführt wurden, sind nur für stromlinienförmige Körper entwickelt worden. Danach lässt sich der Nachlauf hinter dem Körper mit Hilfe einer Quellströmung darstellen. Um die Kontinuitätsbedingung zu erfüllen, muss dann stromab eine entsprechende Senke eingebracht werden.

Diese Methode eignet sich für Rotationskörper und Tragflügel, bei denen der Einfluss des Nachlaufes auf die Form der Druckverlaufes über der Oberfläche des Körpers als ein Effekt zweiter Ordnung betrachtet werden kann.

Bei der Umströmung eines Körpers stellt sich eine Druck- und Schubverteilung (p und τ) um den Körper ein, vgl. Abbildung 1.2. Für die Untersuchung wird schwerpunktmässig der dimensionslose Widerstandsbeiwert C_D zugrunde gelegt. Er ist definiert durch:

$$C_D = \frac{F_D}{0,5 \rho A_n U_\infty}$$

mit Widerstandskraft: $F_D = \int_A (-p \cos \Theta) dA + \int_A (\tau \sin \Theta) dA$

Darin ist A_n die projizierte Querschnittsfläche des Körpers (d.h. die maximale, zur Anströmungsrichtung normale Querschnittsfläche), ρ die Dichte des Mediums und U_∞ die Anströmgeschwindigkeit. A ist die Körperoberfläche und dA ein lokales Flächenelement mit Neigungswinkel θ zur positiven x-Achse.

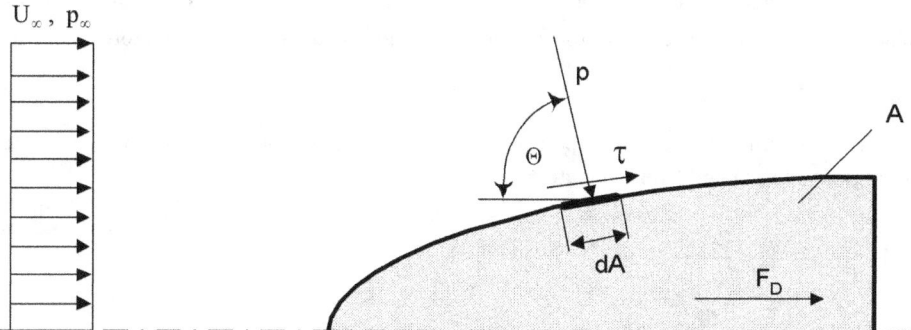

Abbildung 1.2: Widerstand bei Umströmung eines Körpers

Als Folge der Umströmung tritt bei den symmetrischen Modelle eine Geschwindigkeitserhöhung u am Ort des Körpers auf, die bei einer Anströmungsgeschwindigkeit U_∞ zu einer Widerstandsveränderung führt.

Die Widerstandsänderung zwischen eingeschränkter und unbegrenzter Strömung ist definiert als:

$$\psi = \frac{C_D}{C_{D_c}} = \left[1 + \frac{u}{U_\infty}\right]^2 = (1+K)^2 \approx 1 + 2K \qquad (1.1)$$

Wobei C_{Dc} der Widerstandsbeiwert bei ungestörter Strömung ist. Der Index c steht für das englische Wort: corrected.

Für eine dreidimensionale Strömung gilt:

$$K = K_M + K_N \tag{1.2}$$

K_M ist der Anteil, der die Verdrängung durch das Modell ausdrückt und K_N der entsprechende Anteil für den Nachlauf.
Lock [19] gibt für zweidimensional umströmte Körper die Korrekturformel:

$$K_M = \tau \lambda \left(\frac{A_m}{A_k}\right)^{3/2} \tag{1.3}$$

Für die geschlossenen, rechteckigen Messstrecken findet man in [19]:

$$K_N = 0.25 \, C_D \frac{A_m}{A_k} \tag{1.4}$$

In den Gleichungen (1.3) und (1.4) bedeuten A_m und A_k die Modell- bzw. Kanalquerschnittsfläche quer zur Strömungsrichtung.

Der Faktor τ hängt von der Art des Windkanals ab, λ nur von der Körperform. Für die geschlossene Messstrecke ist $\tau = \pi^2/12$. Weitere Angaben über die Formfaktoren λ findet man z.B. in [7].

Die Korrekturformel für die Versperrung bei einem Kreiszylinder quer zur Strömung, Durchmesser d ($\lambda=1$) und Breite b lautet:

$$\begin{aligned}\frac{U_c}{U} &= 1 + \frac{\pi}{12}(d/b)^2 + \frac{C_D}{4}\frac{d}{b} \\ \frac{C_{Dc}}{C_D} &= 1 - \frac{\pi}{4}(d/b)^2 - \frac{C_D}{2}\frac{d}{b}\end{aligned} \tag{1.5}$$

Für die Korrektur des Totwasserdruckes C_p nennt Fackrell [7] folgende Formel:

$$\frac{1 - C_{pc}}{1 - C_p} = (U/U_c)^2 \tag{1.6}$$

Die dimensionslose Druckverteilung C_p an der Körperperipherie wird wie folgt bestimmt:

$$C_p = \frac{p - p_\infty}{0.5 \rho U_\infty}$$

darin ist p der Druck am Körper und p_∞ der Umgebungsdruckdruck weit vor dem Körper.

Die Anwendung der Potentialtheorie auf die Umströmung stumpfer, kantiger Modellkörper ist nicht geeignet. Als Grund dafür kann man hier annehmen, dass bei diesem

Berechnungsverfahren der Einfluss des Nachlaufes auf die Druckverteilung am Modell nicht berücksichtigt wird, was bei der scharfkantigen Körper zu einem großen Fehler führt.

1.2.2 Korrekturverfahren nach Maskell und seine Erweiterungen

Ausgehend von Implus-, Energie- und Massenbilanz der Strömung außerhalb des Nachlaufs an der Stelle der größten Nachlaufbreite und der ungestörten Strömung weit vor dem Körper, vgl. Abbildung 1.3, entwickelte Maskell [22] eine Theorie über die Versperrungseffekte plattenartiger stumpfer Körper.

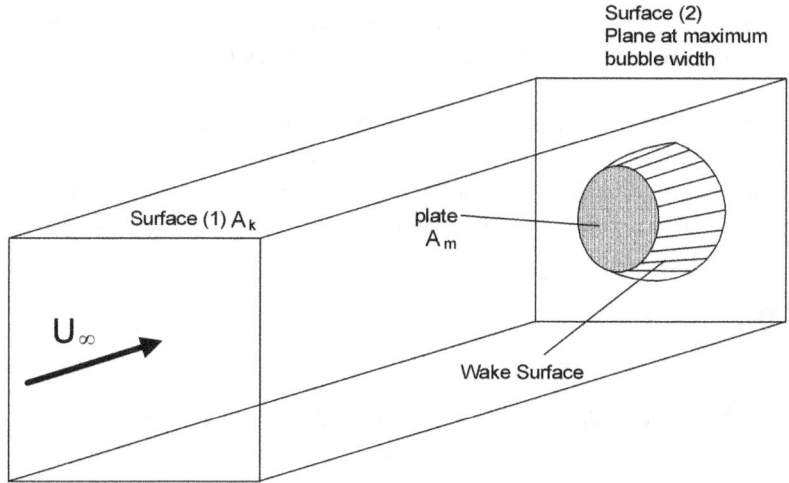

Abbildung 1.3: Schematische Darstellung einer Plattenumströmung nach Maskell [22]

Der Korrekturfaktor für den Widerstandskoeffizient C_D und den Heckdruck[2] C_{pb} lautet demnach:

$$\psi = \frac{C_D}{C_{D_c}} = \frac{1 - C_{pb}}{1 - C_{pb_c}} = \frac{k^2}{k_c^2} = \frac{C_D}{k_c^2 - 1} \frac{A_m}{A_k} = 1 + \varepsilon\, C_D \frac{A_m}{A_k} = \frac{1}{1 - m A_m / A_k} \quad (1.7)$$

Wobei ε als Versperrungsfaktor bezeichnet wird. Der Wert k_c lässt sich iterativ wie folgt errechnen:

$$(k_c^2)_i = k^2 \left[1 + \frac{C_D}{(k_c^2)_{i-1} - 1} \frac{A_m}{A_k} \right]^{-1} \quad (1.8)$$

---

2) Der Heckdruck wird als mittlerer Druck auf der Wandrückseite des Modells bezeichnet

Der Widerstandsbeiwert C_D wird entweder experimentell bestimmt oder wie folgt errechnet:

$$C_D = m(k^2 - 1 - m A_m / A_k) \tag{1.9}$$

mit

$$m = \frac{B}{A_m} \tag{1.10}$$

wobei B die maximale Nachlaufbreite kennzeichnet.

Der Gültigkeitsbereich der Korrekturformel von Maskell wurde bereits für verschiedene Körperformen mehrfach untersucht und z.T. durch Einführen von Faktoren entsprechend modifiziert. Im folgenden werden einige Arbeiten und ihre Ergebnisse dargestellt:

Awbi [1] beschäftigte sich mit der Untersuchung des Widerstandes und der Druckverteilung an zweidimensional umströmten Rechteckkörpern unter einer Versperrungswirkung bis 20%. Dabei untersuchte er den Einfluss der Tiefe des Modells (Längs zur Strömrichtung) und erweiterte Maskells Gleichung durch Einführung des Formfaktors Λ. Danach wird in der Gleichung (1.7) ε durch K_D wie folgt ersetzt:

$$K_D = \varepsilon \Lambda \tag{1.11}$$

Der Formfaktor Λ hängt vom Verhältnis der Modelltiefe d zur Modellhöhe h wie folgt ab:

$$\begin{aligned} \Lambda &= 1.11 + 0.94 \,(d/h) \quad \text{für } 0 < d/h \le 0.5 \\ \Lambda &= 1.11 - 0.14 \,(d/h) \quad \text{für } 1 \le d/h \le 5 \end{aligned} \tag{1.12}$$

Durch die Erweiterung von Maskell's Gleichung zur Korrektur des Totwasserdruckes und des Widerstandes gelangte Awbi zu guten Ergebnissen. Die Flankendruckverteilung konnte aber mit dieser Methode nicht korrigiert werden.

McKeon und Melbourne [24] stellten bei der Untersuchung von dreidimensional umströmten Rechteckplatten, die einer atmosphärischen Grenzschicht ausgesetzt waren, fest, dass Maskells Annahme, dass sich der Wandeffekt nur in einer Druckerhöhung, aber nicht als Änderung der Druckverteilung am Körper auswirkt, für die Korrektur des Widerstandes ausreichend genau ist. Eine Änderung der Druckverteilung am Plattenrand der Vorderseite wirkt sich nicht aus, da der Basisdruck an der Plattenrückseite für den Widerstand ausschlaggebend ist, der relativ gleichförmig verteilt mit der Versperrung anwächst. Für die Korrektur des Widerstandbeiwertes C_D entwickelten sie aus den experimentellen Untersuchungen Korrekturformeln. Demzufolge gilt:

für die vordere Modellfläche (front face):

$$\Delta C_{pf} = C_{pf} - C_{pfc} = K_f \, C_D \, \frac{A_m}{A_k} \qquad (1.13)$$

für die hintere Modellfäche (back face):

$$\Delta C_{pb} = C_{pb} - C_{pbc} = K_b \, C_D \, \frac{A_m}{A_k} \qquad (1.14)$$

und für den Widerstand:

$$\Delta C_D = C_D - C_{Dc} = K \, C_D \, \frac{A_m}{A_k} = K \left(C_{pf} - C_{pb} \right) \frac{A_m}{A_k} \qquad (1.15)$$

Die Konstanten in den Korrekturformeln hängen von dem Seitenverhältnis der Modellbreite b zur Modellhöhe h ab und sind in der Tabelle 1.1 dargestellt.

Tabelle 1.1 : Konstanten zur Korrektur des Widerstands- und Druckbeiwertes nach McKeon und Melbourne [24]; h= Höhe des Modells, b= Breite des Modells senkrecht zur Anströmung

h/b	K	K_f	K_b
4	2.1	-0.6	-2.7
2	1.9	-0.8	-2.7
1	1.8	-0.9	-2.7
0.5	1.5	-1.2	-2.7
0.25	1.6	-1.1	-2.7

Takeda und Kato [50] untersuchten das Widerstandsverhalten eines zweidimensional umströmten porösen, mehrkantigen (Viereck, Sechseck) und gitterförmigen Körpers in einer gleichförmigen Strömung. Hier wurde festgestellt, dass die Korrekturformel von Maskell auch für diese Modelle gültig ist. Sie fanden heraus, dass sich der Versperrungsfaktor ε als eine Funktion des korrigierten Widerstandsbeiwertes C_{Dc} beliebiger Körper durch eine einzige Kurve darstellen lässt. Sie fanden folgende Beziehung:

$$C_{Dc} \, \varepsilon = 1.8 \qquad (1.16)$$

Für poröse und gitterförmige Bauteile ergaben ihre Untersuchungen, dass der Versperungsfaktor ε sich durch folgende Funktion ermitteln lässt:

$$\varepsilon = 3.3 \times 10^{-4} \left(100 - \Phi \right)^2 + 0.98 \qquad (1.17)$$

Wobei Φ die Porosität des Körpers beschreibt.

Utsunomiya, Nagao, Ueno, Noda [52] erweiterten in ihrer Arbeit den Korrekturfaktor K_D für unterschiedliche Strömungssituationen. Dabei wurde die Umströmung eines Würfels sowohl bei einer gleichförmigen, als auch bei einer turbulenten

Grenzschichtströmung bis zu einem Versperrungsgrad von 10% experimentell untersucht. Danach ist die Gleichung (1.11) durch Einführung neuer Faktoren, die empirisch ermittelt wurden, modifiziert:

$$K_D = \beta \gamma \varepsilon \Lambda \qquad (1.18)$$

Die Faktoren in der Gleichung (1.18) repräsentieren :

dreidimensionale Effekte durch: $\quad \beta = \begin{cases} 1 & \text{2D - Strömung} \\ 1.8 & \text{3D - Strömung} \end{cases}$

Strömungsart durch: $\quad \gamma = \begin{cases} 1 & \text{gleichförmige Strömung} \\ 0.5 & \text{turbulente Grenzschichtströmung} \end{cases}$

Formfaktor durch: $\quad \Lambda$ nach Gleichung (1.12)

Die Korrektur des Widerstands- und Totwasserdruckbeiwertes führte aufgrund der Berücksichtigung der obengenannten Effekte zu befriedigenden Ergebnissen. Für die Versperrungsgrade über 10% ist das Verfahren aber nicht erprobt worden.

Raju und Loeser [40], **Castro und Fackerell** [2] untersuchten die Versperrungswirkung auf den Widerstand und auf die Nachlaufgeometrie der zweidimensional umströmten Rechteckplatten. Die Rechteckplatten waren am Kanalboden befestigt und wurden mit verschiedenen Grenzschichtbedingungen angeströmt. Für die Widerstandskorrektur wurde folgende Beziehung hergeleitet:

$$C_{Dc} = C_D (1 - A_m / A_k)^N \qquad (1.19)$$

wobei N experimentell ermittelt wurde und von der Grenzschichthöhe abhängt. Bei einer gleichförmigen Anströmung beträgt N=2.6 und bei einer Grenzschichtströmung mit $\delta/h=10$ nimmt N den Wert 10 an.
Da N von der Körpergeometrie und der Anströmbedingung abhängt, ist dieses Verfahren nicht auf die Umströmung beliebiger Körperformen übertragbar.

1.2.3 Korrekturverfahren nach Mercker

Mercker [25] stellte ein experimentelles Blockierungskorrekturverfahren für inkompressible Unterschallströmungen vor, wonach die Druckverteilung bis zu 25% Blockierung korrigiert werden kann. Im Rahmen einer Energiebilanz zwischen der Kanalwand bei einem ausgedehnten Strömungsfeld und der Kanalwand verschoben in Richtung Körper (s. Abbildung 1.4) - und unter der Annahme, dass die Druckänderungen an der Wand linear mit den Änderungen des dynamischen Drucks der Abströmgeschwindigkeit am Körper verknüpft sind, wurde folgende Beziehung hergeleitet:

$$\frac{p_\infty - p_w}{q_\infty} = \left[\left(\frac{U_w}{U_\infty}\right)^2 - 1\right] \tag{1.20}$$

Durch Umstellung der Gleichung 1.20 können die Oberflächendrücke wie folgt korrigiert werden:

$$C_{pc} = \frac{C_p}{n(x)} + \frac{n(x)-1}{n(x)} \tag{1.21}$$

Der Korrekturfaktor n lässt sich wie folgt berechnen:

$$n = \frac{P_G - p_w}{P_G - p_\infty} \tag{1.22}$$

Mit $P_G - p_\infty = 0.5 \rho U_\infty^2$, wobei P_G den Gesamtdruck der Strömung darstellt und p_w den Druck an der Kanalwand.

Die Korrektur der Totwasser- sowie der Flankendruckverteilung zwei- bzw. dreidimensional umströmter schlanker Körper lässt sich mit der angegeben Formel mit guter Genauigkeit korrigieren. Die experimentellen Untersuchungen von Mercker [25] haben ergeben, dass dieses Verfahren sowohl bei der Umströmung von Körpern, die gleichförmig angeströmt sind, als auch bei der Umströmung von Körpern, die auf dem Kanalboden befestigt sind und einer kleinen Grenzschichthöhe ausgesetzt sind, seine Gültigkeit hat.

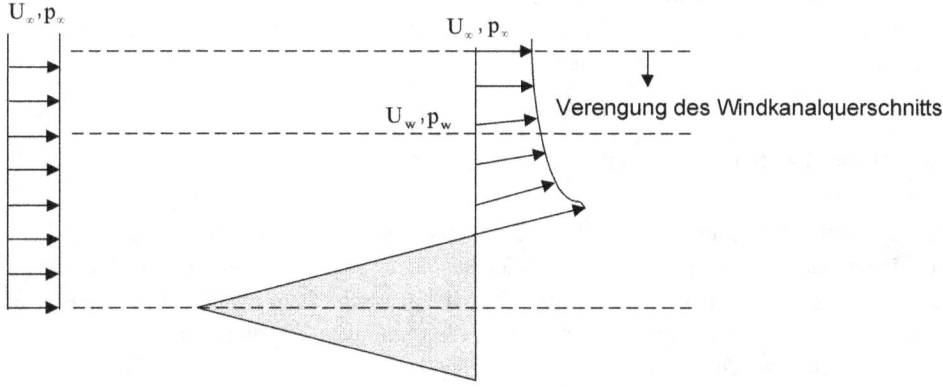

Abbildung 1.4: Schematische Darstellung einer zweidimensionalen Keilströmung nach Mercker [25]; Verschiebung der Kanalwand in Richtung Körper, wodurch sich an der Kanalwand ein Druck p_w und eine Geschwindigkeit U_w einstellt.

Zusammengefasst lassen sich aus dem Stand der Literatur, insbesondere aus den zitierten Arbeiten folgende Erkenntnisse festhalten:

- Die Problematik der Erfassung und Analyse der Versperrungseffekte kann im Allgemeinen trotz zahlreicher Untersuchungen als nicht befriedigend gelöst betrachtet werden.

- Empirische oder semiempirische Methoden zur Korrektur des Widerstandes bestimmter einfacher Modellformen haben zu guten Ergebnissen geführt. Diese Methoden können aber nicht auf beliebige Körperformen übertragen werden.

- Die Übertragung der mathematischen Modelle für stromlinienförmige Körper mit relativ kleinen Nachlaufkonfigurationen auf die Umströmung stumpfer Körper führt nur unter eingeschränkten Bedingungen zu befriedigenden Ergebnissen. Das ist damit begründet, dass sowohl der Körper als auch der Nachlauf durch ein potentialtheoretisches Strömungsmodell nur schwierig zu ersetzen ist.

- Die Theorie von Maskell basiert auf dem physikalischen Modell der Nachlaufströmung einer senkrecht angeströmten Scheibe. Dieses Verfahren ist in bestimmten Grenzen für die Umströmung stumpfer, scharfkantiger Körper anwendbar und ermöglicht die Korrektur des Widerstandsbeiwerts eines Körpers mit guter Genauigkeit. Die Anwendung dieses Verfahrens auf die Korrektur der Druckverteilung ist nicht geeignet.

- Mercker entwickelte ein Verfahren zur Korrektur der Oberflächendrücke von stumpfen Körpern. Dieses Korrekturverfahren gilt für Körper, die einer konstanten Anströmung ausgesetzt sind. Für kleine Grenzschichthöhen überprüfte Mercker die Gültigkeit seiner Methode und erzielte gute Ergebnisse.

1.3 Ziel und Aufbau der Arbeit

Das Ziel der vorliegenden Arbeit ist die Untersuchung der Versperrungseffekte und die Herleitung einer Korrekturformel für die Widerstands- und Druckbeiwerte auf der Oberfläche von quadratischen Körpern in einer turbulenten Grenzschichtströmung bei geschlossenen Messstrecken. Die gewonnenen Ergebnisse sollen mit den vorhandenen experimentellen Daten verglichen werden.

Die Vergleichsdaten stammen hauptsächlich aus den experimentellen Arbeiten von Niemann [34], Utsunomiya [52], Castro & Robins [3], Murakami[28] und Melbourne [24]. Bei den verwendeten experimentellen Daten handelt es sich ausschließlich um Windkanalmessungen.

Um die oben angedeuteten Ziele zu realisieren, bieten sich neben den Windkanaluntersuchungen zunehmend numerische Rechenverfahren an. Um die Turbulenzstruktur einer Strömung zu erfassen, löst man die vollständigen Navier-Stokes-

Gleichungen direkt mit numerischen Methoden (direkte numerische Simulation). Dabei werden die kleinen räumlichen und zeitlichen Skalen von Schwankungsbewegungen aufgelöst. Ein großer Nachteil dieses Verfahrens ist der hohe Bedarf an Rechenzeit und Speicherkapazität, der bei Analysen mit guter Auflösung über den Möglichkeiten heutiger Höchstleistungsrechner liegt. Es werden daher die Strömungsberechnungen nicht über eine direkte numerische Simulation durchgeführt, sondern über Turbulenzmodelle approximiert. Diese Modelle basieren entweder auf der Mittelung der Navier-Stokes-Gleichungen oder auf einer Grobstruktursimulation. Das von Reynolds eingeführte Mittelungsverfahren bringt zusätzliche Unbekannte in Form eines Spannungstensors in das Gleichungssystem. Die Aufgabe eines Turbulenzmodells ist es, einen Zusammenhang zwischen den neuen Unbekannten und Größen der mittleren Bewegung, z. B. der mittleren Geschwindigkeit, der turbulenten kinetischen Energie, der turbulenten Dissipation oder anderer Turbulenzparameter herzustellen. Dabei handelt es sich im Allgemeinen um eine partielle Differentialgleichung. Enthält diese Gleichung neue Unbekannte, sind weitere Modellgleichungen notwendig. In Abhängigkeit von der Anzahl der Differentialgleichungen, die verwendet werden, spricht man vom Eingleichungsmodell, Zweigleichungsmodell, etc.. Mit der Einführung des Wirbelviskositäts-prinzips von Boussinesq wurde die Basis zur Modellierung der Reynolds'schen Spannungen geschaffen. Es existieren eine Vielzahl von Modellkategorien, die auf der Wirbelviskositätsannahme beruhen. Das bekannteste und in der Praxis am häufigsten verwendete Modell ist das sogenannte k-ε Modell. Während dieses Modell bei der Berechnung von zweidimensionalen Scherschichten und bei der Berechnung verschiedener einfacher dreidimensionaler Strömungskonfigurationen zufriedenstellende Ergebnisse zeigt, weist es bei komplexen dreidimensionalen Strömungen einige grundlegende Mängel auf. Die Effekte zusätzlicher Scherungen durch starke Stromlinienkrümmungen und Rezirkulation werden nicht ausreichend wiedergegeben. Diese Defizite des Standard k-ε Modells sind Anlass zur Entwicklung einer großen Anzahl von verschiedenen Modellen.

Launder und Kato [14] modifizierten den Produktionsterm der turbulenten kinetischen Energie, P_k, um die übermäßig hoch berechnete Produktion im Bereich des Staupunktes bei der Verwendung des Standard k-ε Modells zu verringern. Panneer [37] rechnete die Druckverteilung bei der Umströmung eines Hauses mit dem modifizierten k-ε Modell (LK Modell) sowie dem Standard k-ε Modell und kam zu dem Schluss, dass das LK-Modell den experimentellen Ergebnissen näher kommt.

Murakami, Mochida und Kondo [26] erweiterten das Standard k-ε Modell (MMK Modell), indem sie die Konstante c_μ neu formulierten. Ihre numerischen Untersuchungen in Bezug auf die Umströmung eines Würfels zeigen durchaus gute Ergebnisse.

Es wurde ein numerisches Verfahren gewählt, welches einen guten Kompromiss zwischen erforderlichem Rechenaufwand und erreichbarer Genauigkeit darstellt. So bietet eine computergestützte Untersuchung des Versperrungseffektes folgende Vorteile:

- Randbedingungen aus der Strömung, Wandkanalgeometrie und Körperform lassen sich schnell und beliebig variieren um bestimmte Einflusseffekte zu untersuchen.

- Einfache Kalibrierung entwickelter Korrekturverfahren und Ansätze an breits vorhandene Messdaten und Methoden.

- Überprüfung der Anwendbarkeit an experimentell durchgeführten Vergleichsstudien.

Um die oben beschriebene Aufgabe mit möglichst hoher Genauigkeit zu lösen, fällt der Auswahl eines Turbulenzmodells eine wichtige Rolle zu. Dabei ist ein Kompromiss zwischen dem numerischen Aufwand, wie Rechenzeit und Speicherbedarf, und der Vor- und Nachteile einzelner Modelle zu treffen.

Kapitel 2 gibt einen Überblick über die Turbulenzmodelle. In Kapitel 3 erfolgt eine kurze Beschreibung des verwendeten Programmpaketes und seine Modifikation.
Die Validation des verwendeten numerischen Verfahrens besitzt ein großes Gewicht und erfolgt durch die Simulation der Umströmung eines Würfels in einer dreidimensionalen Grenzschichtströmung (Kapitel 4).

Die theoretische Untersuchung der Versperrungseffekte in einer turbulenten Grenzschichtströmung und die Herleitung einer Korrekturformel für die Widerstands- und Druckbeiwerte erfolgt in Kapitel 5.
Kapitel 6 diskutiert das vorgestellte Korrekturverfahren auf der Basis der erzielten Resultate.

Eine Zusammenfassung der wichtigsten Ergebnisse erfolgt in Kapitel 7.

Kapitel 2

2 Theorie und Numerik der Strömungssimulation

Ziel dieses Kapitels ist die Darstellung der mathematischen Beschreibung der turbulenten Strömung, wie sie im Simulationsprogramm CFX verwirklicht wurde. Bevor die Bestimmungsgleichungen zur Berechnung von Fluidfeldern erläutert werden, erfolgen einige einführende Bemerkungen zur Fluiddynamik und im speziellen zur *Computational Fluid Dynamik (CFD)*. Im nächsten Abschnitt werden die physikalischen Grundgleichungen von turbulenten Strömungen erläutert. Das Kapitel beschäftigt sich im weiteren mit den Schließungstermen und Ansätzen zur Modellierung der turbulenten Strömungen. Außerdem werden die Anwendungsgebiete der Turbulenzmodelle erörtert. Im zweiten Abschnitt dieses Kapitels wird auf die Definition der Randbedingungen zur Simulation der turbulenten Strömungen eingegangen. Zum Abschluss dieses Kapitels werden die gewonnenen Erkenntnisse zusammengefasst.

2.1 Strömungsmodelle

Nachfolgend werden einige der unterschiedlichen Strömungsmodelle angesprochen. Diese Modelle basieren auf bestimmten Approximationen, auf deren höchster Ebene das System der Navier-Stokes-Gleichungen steht.

Navier-Stokes-Gleichungen Die vollständigen Navier-Stokes-Gleichungen beschreiben ein System von fünf gekoppelten, nichtlinearen partiellen Differentialgleichungen zweiter Ordnung. Diese beschreiben das Gleichgewicht zwischen Trägheitskräften, Volumenkräfte, Druckkräften und Reibungskräften in der Strömung.

Stokes-Gleichungen Bei niedrigeren Strömungsgeschwindigkeiten, oder wenn das Fluid stark viskos ist, oder allgemein, wenn die Reynoldszahl sehr klein ist, können die konvektiven Effekte in den Navier-Stokes-Gleichungen vernachlässigt werden. In diesen sogenannten „schleichenden Strömungen" spielen Trägheitskräfte, deren Geschwindigkeitsabhängigkeit quadratisch ist, eine untergeordnete Rolle. Sie werden auch als Stokes-Strömungen bezeichnet.

Euler-Gleichungen Die Viskositätseffekte weit entfernt von der Körperoberfläche können vernachlässigt werden. Aus den Navier-Stokes-Gleichungen entstehen somit die Euler-Gleichungen. Im Gegenteil zu Navier-Stokes-Gleichungen stellen diese ein gekoppeltes

System fünf nichtlinearer, partieller Differentialgleichungen erster Ordnung dar. Das grundsätzliche Problem bei diesen Gleichungen zur Beschreibung der Körperumströmungen ist, dass sie die Haftbedingungen an der Körperoberfläche nicht erfüllen können.

Potentialströmungen Wenn die Strömung nichtviskos und drehungsfrei angenommen wird, ergeben sich vereinfachte Formen der Strömungsgleichungen. Die Bestimmung der Geschwindigkeitskomponenten kann in diesem Fall durch die Bestimmung einer einzigen skalaren Funktion ersetzt werden.

Inkompressible und kompressible Strömungen Man setzt ein inkompressibles Fluidverhalten voraus, wenn die Geschwindigkeit der Luft klein im Verhältnis zur Schallgeschwindigkeit des Mediums ist. Anderenfalls ist ein Fluid kompressibel, wenn aufgrund großer Temperaturdifferenzen die Dichte nicht konstant ist.

Instationäre und stationäre Strömungen Die Geschwindigkeitskomponenten sind im Allgemeinen sowohl eine Funktion des Ortes als auch der Zeit. Die Strömungen, bei denen die Strömungsgrößen auch zeitabhängig sind, bezeichnet man als instationär. Im Gegensatz dazu ist eine Strömung stationär, wenn zu allen Zeiten dieselben Werte in einem Feldpunkt existieren.

Laminare und turbulente Strömungen Durch den berühmten Farbfadenversuch erkannte O. Reynolds, dass grundsätzlich zwei Arten von Strömungen zu unterscheiden sind. Während bei kleineren Strömungsgeschwindigkeiten die Farbfaden gradlinig blieben, wurde bei höheren Geschwindigkeiten ein Flattern des Farbfadens beobachtet. Die Grundströmung ist somit von stochastischen, dreidimensionalen, turbulenten Fluktuationen überlagert. Diese Art von Instabilität in der laminaren Strömung kann als Turbulenz angesehen werden. Die kritische Reynoldszahl beschreibt den Übergang zwischen den beiden Strömungsformen.

2.2 Erhaltungsgleichungen

Die Notwendigkeit, eine numerische Simulation turbulenter Strömungen verwenden zu müssen, wurde in Kapitel 1 erläutert. Die theoretische Untersuchung von Strömungsfeldern mit numerischen Methoden erfordert eine mathematische Beschreibung der physikalischen Phänomene.
Die Navier-Stokes-Gleichungen beschreiben die Bewegung eines Newtonschen Mediums, welches als Kontinuum beschreibbar ist. Newtonsches Fluid bedeutet, dass die Schubspannung der Deformationsgeschwindigkeit proportional ist. Diese Gleichungen dürfen sowohl für laminare als auch für turbulente Strömungen gültig sein. Die turbulenten Strömungen besitzen dreidimensionale, instationäre und unregelmäßige Geschwindigkeitsverteilungen. Ein weiteres Merkmal der Turbulenz ist die Wirbelbildung und deren Zerfallen, deren Größe über einen weiten Bereich variieren kann. Die maximale Größe der Wirbelelemente liegt in der Größenordnung des Strömungsgebiets, die kleinsten im Bereich von Millimeter oder kleiner. Die Hauptträger der kinetischen Energie sind die großen Wirbel

(turbulent eddies), diese wird allmählich infolge der Schwankungsbewegung in die kleineren Wirbel übertragen, bis sie völlig in den kleinsten Wirbel durch viskose Reibung dissipiert wird. Dieser Prozess des Transportes der Energie, von ihrer Produktion durch die mittlere Bewegung bis hin zum Übergang in die innere Energie durch Dissipation, wird als Energie-Kaskaden-Prozess bezeichnet [9].

Zusammen mit dem Erhaltungssatz für die Masse bilden die Navier-Stokes-Gleichungen ein geschlossenes Gleichungssystem, welches sich in der sogenannten Zeigerschreibweise wie folgt darstellen lässt:

$$\frac{\partial}{\partial t}(\rho\, u_i) + \frac{\partial}{\partial x_j}(\rho\, u_i u_j) = -\frac{\partial p}{\partial x_i} + \frac{\partial}{\partial x_j}\left[\eta\left(\frac{\partial u_i}{\partial x_j} + \frac{\partial u_j}{\partial x_i}\right)\right] \tag{2.1}$$

p steht für Druck, ρ für die Dichte und ρ u_i für die Impulskomponenten gebildet mit der Geschwindigkeit $u_i = (u,v,w)^T$. Unter der Voraussetzung, dass keine äußeren Kräfte wirken und keine Quellen oder Senken innerhalb des betrachteten Volumens existieren, gilt für die Massenerhaltung:

$$\frac{\partial}{\partial t}(\rho) + \frac{\partial}{\partial x_i}(\partial u_i) = 0 \tag{2.2}$$

2.3 Simulationsverfahren

Da die Gleichungen (2.1) und (2.2) nicht analytisch gelöst werden können, ist eine diskrete Lösung erforderlich, das bedeutet eine approximative Lösung auf einem räumlichen Rechennetz um das betrachtete Berechnungsgebiet. Das aufwendigste numerische Verfahren ist die sogenannte direkte numerische Simulation (**DNS**). Bei diesem Verfahren werden die dreidimensionalen Navier-Stokes-Gleichungen vollständig auf einem genügend feinem Gitter diskretisiert, um die kleinsten in der Strömung auftretenden Wirbel zu erfassen. Da bei laminaren Strömungen infolge der Zähigkeitskräfte relative kleine zeitliche und räumliche Gradienten der Strömungsgrößen vorhanden sind, können diese Strömungsarten bereits mit einem groben Gitter numerisch gelöst werden.

Für die Berechnung der turbulenten Strömungen muss die diskrete räumliche Auflösung des Strömungsfeldes fein genug sein, um alle turbulenten Skalen zu erfassen. Für homogene Turbulenz bei hohen Reynoldszahlen wird das Verhältnis der größten Skalen zu dem kleinsten turbulenten Skalen mit der Kolmogorov-Länge ca. $Re^{3/4}$ abgeschätzt. Daher ergibt sich für eine dreidimensionale turbulente Strömung eine Mindestauflösung des Rechengebietes von $Re^{9/4}$. Das würde bei einer mäßig turbulenten Strömung von Re=2000 bereits eine Anzahl von $27 \cdot 10^6$ Gitterpunkten bedeuten. Eine DNS-Lösung kann deshalb nur bei kleinen Reynoldszahlen durchgeführt werden und bleibt wegen der hohen Rechenzeit und dem hohen Speicherbedarf auch in naher Zukunft auf laminare und turbulente Strömungen niedriger Reynoldszahlen beschränkt.

Ebenso wie die direkte numerische Simulation wird die Simulation der Grobstrukturen turbulenter Strömungen **LES** (**L**arge **E**ddy **S**imulation) für den Einsatz in der praktischen Strömungstechnik nicht relevant sein [36]. Der Ausgangspunkt für large eddy Simulation sind die Navier-Stokes-Gleichungen, die jedoch gefiltert oder über ein Gittervolumenelement integriert werden. Bei dieser Methode werden die Grobstrukturen (large eddies) der turbulenten Strömung aufgelöst, während die nicht auflösbaren Bereiche, also die Feinstruktur (subgrid scale), modelliert werden. Mit zunehmender Gitterverfeinerung nähern sich die Lösungen der direkten numerischen Simulation an.

Der alternative Weg zur Simulation turbulenter Strömungen sind die statistischen Turbulenzmodelle, die für praktische Zwecke besser geeignet sind. Die statistischen Turbulenzmodelle beschreiben die Auswirkung der Turbulenz auf das Verhalten der gemittelten Strömungsgrößen und können die Details der Turbulenzbewegung nicht wiedergeben. Der Wert der statistischen Turbulenzmodelle liegt darin, dass sie aufgrund niedrigeren Speicherbedarfs und Rechenzeit oft in der Ingenieurpraxis eingesetzt werden. Dies können zur raschen Entwicklung der Modelle führten. Die Large eddy Simulationen dagegen besitzen aber Grundlagencharakter und dienen zur Verbesserung der Turbulenzmodelle.

2.4 Turbulenzmodelle

Mathematische Modelle zur Beschreibung turbulenter Strömungen haben sich in den letzten Jahren als ein wichtiges Instrument in der praktischen Strömungsmechanik etabliert. Ausschlaggebend für diese Entwicklung sind die gestiegenen Leistungen der Rechneranlagen und der enorme Fortschritt, der im Bereich numerischer Lösungsverfahren erzielt werden konnte. Die Fundamentgleichungen zu Beschreibung von Transportvorgängen in Strömungen basieren auf dem physikalischen Prinzip der Erhaltung für Masse, Impuls und Energie. Diese Differentialgleichungen werden in Differenzengleichungen überführt und werden dann meistens durch ein Finite-Volumen-Verfahren numerisch gelöst.

Aufgrund seiner Flexibibilität im Bezug auf Wirtschaftlichkeit und Rechenzeit hat sich das auf der Wirbelviskositätsannahme basierende k-ε Modell durchgesetzt.

Im folgenden werden auf die Reynoldsgleichungen und das in dieser Arbeit verwendete k-ε-Modell nach Murakami eingegangen. Eine ausführliche Darstellung der Turbulenzmodelle und ihre Anwenungsgebiete findet man z.B. bei Rodi [41].

Reynoldsgleichungen

Bei den meisten Untersuchungen turbulenter Strömungen sind nicht die Einzelheiten auf mikroskopischer Ebene der Strömung von Interesse. Den Ingenieur interessieren vielmehr die zeitlich gemittelten Größen, die ausreichende Informationen zu einer Vielzahl von Problemen liefern. Grundsätzlich gibt es zwei Möglichkeiten durch numerische Verfahren zu den gemittelten Ergebnissen zu gelangen. Ein erster Weg wäre, die Navier-Stokes-Gleichungen direkt oder mit Feinstrukturmodellen numerisch zu lösen und anschließend die Ergebnisse zeitlich zu mitteln. Die Problematik dieses numerischen Verfahren wurde im vorigen Kapitel erläutert. Die andere Möglichkeit besteht darin, auf die Auflösung der turbulenten Schwankungen zu verzichten, aber ihren Einfluss auf die Strömungsvariablen zu modellieren. Dazu wird mit Hilfe des Reynoldsschen Ansatzes eine Aufteilung der Variablen in einen zeitlichen Mittelwert und in einen überlagerten Schwankungsanteil durchgeführt. Die Aufteilung einer Variablen f in Mittelgrößen $\bar{f}$ und Schwankungsgrößen f' lautet nach Reynolds:

$$f = \bar{f} + f'$$

$$\bar{f} = \frac{1}{\tau} \int_{-\tau/2}^{\tau/2} f(t)\, dt, \qquad \overline{f'} = 0 \;(\text{Der Mittelwerte der Schwankungsanteile ist Null}) \quad (2.3)$$

Das Zeitintervall τ muss groß gegenüber den turbulenten Zeitskalen und klein gegenüber den charakteristischen Zeiten des makroskopischen Strömungsfeldes sein.

Nach Einführen dieser Beziehung für die Variablen u_i und p in die Grundgleichungen (2.1 und 2.2) and anschließender Mittelung ergeben sich die folgenden Reynolds- und die Kontinuitätsgleichungen:

$$\frac{\partial}{\partial t}(\rho \bar{u}_i) + \frac{\partial}{\partial x_j}(\rho \bar{u}_i \bar{u}_j) = -\frac{\partial \bar{p}}{\partial x_i} + \frac{\partial}{\partial x_j}\left[\eta\left(\frac{\partial \bar{u}_i}{\partial x_j} + \frac{\partial \bar{u}_j}{\partial x_i}\right)\right] - \frac{\partial}{\partial x_j}\left(\rho \overline{u_i' u_j'}\right) \quad (2.4)$$

$$\frac{\partial}{\partial x_i}(\rho \bar{u}_i) = 0 \quad , \quad \frac{\partial}{\partial x_i}\left(\rho \overline{u_i'}\right) = 0 \quad (2.5)$$

Im Vergleich zu den nicht-gemittelten Gleichungen treten in den zeitgemittelten Impulsgleichungen (Gleichung 2.4) zusätzliche Korrelationen von Schwankungsgrößen auf. Der neue Term in der Impulsgleichung, der durch die Nichtlinearität des Konvektionsterms hervorgerufen wird, ist der sogenannte Reynoldsche Spannungstensor $\rho \overline{u_i' u_j'}$, der die scheinbaren bzw. turbulenten Spannungen zusammenfasst. Durch Mittelung entstehen zusätzliche Unbekannte. Sie müssen zur Schließung der Gleichungen mit Hilfe von Modellannahmen approximativ bestimmt werden.

Schließung der gemittelten Gleichungen

Die zum Schließen der Gleichungssysteme (2.4 und 2.5) erforderlichen Turbulenzmodelle können in zwei Kategorien betrachtet werden.

Die erste Gruppe von Turbulenzmodellen verwendet Transportgleichungen für die sechs Komponenten des Reynoldsschen Spannungstensors. Dieses Modell wird in der englischen

Literatur als Reynold Stress Equation Models bezeichnet (**RSM**). Verwendet wird auch der Begriff second-order closure shemes, da die Unbekannten als statistische Momente zweiter Ordnung aufgefasst werden.

Die zweite Gruppe geht zur Bestimmung der Impulsübertragung durch turbulente Schwankungsgeschwindigkeiten vom empirischen Ansatz von Boussinesq aus, die eine Analogie zwischen dem Newtonschen Reibungsgesetz und den Schubspannungen der turbulenten Scheinreibung annimmt. Danach verhält sich der Impulsaustausch der turbulenten Fluktuationen proportional zu den turbulenten Spannungen. Die Proportionalität wird über eine Größe ν_t beschrieben, die in Analogie zur molekularen Viskosität als turbulente Viskosität oder als Wirbelviskosität bezeichnet wird. Im Gegenteil zur molekularen Viskosität, die eine Stoffgröße darstellt, ist die Wirbelviskosität eine Feldgröße. Dieser Ansatz lautet in verallgemeinerter Form:

$$-\overline{u_i' u_j'} = \nu_t \left(\frac{\partial \overline{u_i}}{\partial x_j} + \frac{\partial \overline{u_j}}{\partial x_i} \right) - \frac{2}{3} k \delta_{ij} \qquad (2.6)$$

Der letzte Term in obenstehender Gleichung ist notwendig, um sicherzustellen, dass die Summe der drei Normalspannungen (i=j=1,2,3) gleich dem halben Wert der turbulenten kinetischen Energie k entspricht (δ_{ij} steht für Einheitsmatrix).

Die Gleichung (2.6) ist die Basis der Wirbelviskositäts-Turbulenzmodelle, die mit Hilfe der Wirbelviskositätsannahme die Reynoldsschen Spannungen über die zu berechnenden Größen ν_t und k bestimmen.

Die Wirbelviskositäts-Annahme verknüpft den turbulenten Impulstransport mit den Gradienten der Hauptströmung. Experimentelle Untersuchungen zeigen, dass diese Annahme in Strömungen mit einer dominanten Hauptströmungsrichtung zulässig ist. Bei komplexeren dreidimensionalen Strömungen kann zum Beispiel in Ecken, in Ablösungsgebieten oder bei einer starken Stromlinienkrümmung die Annahme der Proportionalität zwischen den Reynoldsschen Spannungen und der Scherung nicht mehr zutreffend sein, wo dann mehr als eine Komponente der turbulenten Schubspannung dominant ist. Die Verwendung von Wirbel-Turbulenzmodellen führt in solchen Fällen zu schlechten Vorhersagen. Diese Modelldefizite können durch eine nicht-proportionale Verknüpfung der mittleren Scherung und der Reynoldsschen Spannung verbessert werden. Alternativ dazu muss ein anderer, komplizierterer Ansatz zur Modellierung der Reynodsschen Spannungen gewählt werden. Diese sind aber entweder in ihrer Wirkung für komplexe Strömungen noch unbekannt oder erfordern, wie im Falle der Reynoldsschen Spannungs-Modelle, einen erheblich höhen Rechenaufwand, ohne in jedem Fall bessere Ergebnisse zu liefern.

Wird der Ansatz nach Boussinesq verwendet, so ist das Hauptproblem der Modellierung die Bestimmung der Verteilung von ν_t. Es bedarf daher eines weiteren Ansatzes für ihre Bestimmung.

Die weitere Einteilung der Turbulenzmodelle erfolgt nach der Anzahl der zusätzlich zu den Reynolds-Gleichungen zu lösenden Differentialgleichungen. In Abhängigkeit von der Anzahl der Differentialgleichungen, die zur Bestimmung des Wertes ν_t benötigt werden, definiert man das Null-Gleichungs-Modell, das Ein-Gleichungs-Modell und das Zwei-Gleichungs-Modell.

Algebraische Turbulenzmodellierung

Algebraische Wirbel-Viskositäts-Turbulenzmodelle gehen von einem lokalen Gleichgewicht der Produktion und der Dissipation von turbulenter Energie aus (Produktion =Dissipation, d.h. Vernachlässigen von Konvektion und Diffusion). Diese Annahme beschränkt die Gültigkeit der algebraischen Modellierung auf Strömungen mit kleinen Änderungen entlang einer ausgezeichneten Hauptströmungsrichtung und erlaubt, die Wirbelviskosität lokal mit Hilfe empirischer Relationen zu mittleren Strömungsgrößen approximativ zu bestimmen. Den wohl bekanntesten Ansatz dieser Art stellt die sogenannte Mischungshypothese (MWH) von Prandtl dar. Dieses Modell gibt einen direkten Zusammenhang der Wirbelviskosität v_t zur Hauptströmungsrichtung. Prandtl setzte voraus, dass die turbulente Geschwindigkeit u_t das Produkt aus dem Geschwindigkeitsgradienten und einem Längenmaßstab l_t ist. Für die Wirbelviskosität gilt somit:

$$v_t = l_t^2 \left| \frac{\partial \overline{u}}{\partial z} \right| \tag{2.7}$$

Klebanoff (zitiert in[41]) stellte an inkompressiblen Plattengrenzschichten ohne Druckgradienten fest, dass im Bereich 15-20% der Grenzschichtdicke δ sowohl v_t als auch l_t linear mit dem Wandabstand z verlaufen. Für die charakteristische Länge gilt:

$$l_t = \kappa\, z \tag{2.8}$$

Mit dem Proportionalitätsfaktor $\kappa=0.41$. Bei allgemeinen Grenzschichtströmungen findet häufig eine Verteilung nach van Driest in der folgenden Form statt:

$$l_t = \kappa\, z\, D, \quad D = 1 - \exp\left(-\frac{z^+}{26}\right), \quad z \leq 0.2\delta \tag{2.9}$$

Der Korrekturfaktor D in der Gleichung (2.9) berücksichtigt die Wanddämpfung in der laminaren Unterschicht, wo die viskosen Effekte die turbulenten überwiegen. Die dimensionlose Größe z^+ ist:

$$z^+ = \frac{u_\infty L}{\nu} \frac{\sqrt{\rho_w \tau_w}}{\mu_w} z \tag{2.10}$$

Darin ist u_∞ ist die Geschwindigkeit der freien Anströmung, L Bezugslänge, ν die kinematische Viskosität und τ_w die Wandschubspannung. Der Index w bezeichnet Werte auf der Wand an der Stelle z=0. Weiter weg von der Wand (z > 0.2d) fällt der Verlauf der

Wirbelviskosität langsam ab, während das charakteristische Längenmaß näherungsweise konstant bleibt.

Solche einfachen Modellansätze versagen aber bei Strömungen, in denen turbulente Konvektions- und Diffusionsprozesse von Bedeutung sind. Außerdem ist für Strömungsformen dieser Art die Bestimmung der Mischungsweglänge äußerst schwierig.

Modellierung der Turbulenz durch Transportgleichungen

Die Bestimmung von ν_t und k zur Schließung der gemittelten Reynoldsgleichungen mit Wirbelviskositäts-Turbulenzmodellen kann über die Modellierung des Transportes von Turbulenzgrößen durchgeführt werden. Aus den Navier-Stokes-Gleichungen können Transportgleichungen für alle Korrelationen ableitet werden. Da diese Gleichungen mehr unbekannte Korrelationen enthalten, sind sie zur Schießung des Turbulenzproblems nicht geeignet, sondern dienen als Basis zur Herleitung von Modellgleichungen. Zum Schließen des Gleichungssystems bedarf es daher empirischer Ansätze und Modellannahmen. Die Transportgleichung für kinetische Turbulenzenergie lautet damit:

$$\frac{\partial}{\partial x_j}\left(\overline{u}_j k\right) = \qquad \text{Konvektion}$$

$$\frac{\partial}{\partial x_j}\left(\frac{\nu_t}{\sigma_k}\frac{\partial k}{\partial x_j}\right) \qquad \text{Diffusion}$$

$$+\nu_t\left(\frac{\partial \overline{u}_i}{\partial x_j}+\frac{\partial \overline{u}_j}{\partial x_i}\right)\left(\frac{\partial \overline{u}_i}{\partial x_j}\right) \qquad \text{Pr oduktion}$$

$$-\varepsilon \qquad \text{Dissipation}$$

(2.11)

In der Gleichung (2.11) ist σ_k eine empirische Konstante des Turbulenz-Modells. Zur Bestimmung der Wirbelviskosität dient der Kolmogorov-Prandtl-Ansatz:

$$\nu_t = c_\mu k^{1/2} l_t \qquad (2.12)$$

Darin sind c_μ und l_t empirische Konstante bzw. Längenmaße, das wie die Mischungsweglänge empirisch bestimmt werden kann. Derartige Ansätze führen allerdings nur bei einer einfachen Scherströmung zu guten Ergebnissen.

Für die Bestimmung des Dissipationsterms gibt es verschiedene Ansätze. Diese Größe kann prinzipiell über jede beliebige Kombination von k mit einer charakteristischen Länge l_t in der Form $Z=k^a l_t^b$ bestimmt werden. Dabei ist die Variable Z die zu modellierende Größe und a und b sind beliebige Exponenten. Wird zur Bestimmung von ε eine empirische algebraische Beziehung eingeführt, liegt durch die Lösung der k-Gleichung ein Ein-Gleichungs-Modell vor. Mit der Einbeziehung einer zweiten Transportgröße Z zur Modellierung der Dissipation ergibt sich ein Zwei-Gleichungs-Turbulenzmodell. Das am meisten verwendete Zwei-Gleichungs-Modell ist das sogenannte k-ε-Modell.

k-ε-Modell

Eine exakte Transportgleichung für die Dissipation kann ebenfalls aus den Navier-Stokes-Gleichungen hergeleitet werden. Diese Gleichung enthält eine großen Anzahl unbekannter Schwankungskorrelationen. Um die Gleichung numerisch bearbeiten zu können, sind für einzelne Terme Annahmen zu treffen. Das führt zu der Transportgleichung für die Dissipation der turbulenten kinetischen Energie:

$$\frac{\partial}{\partial x_j}\left(\overline{u}\,\varepsilon\right) = \quad \text{Konvektion}$$

$$\frac{\partial}{\partial x_j}\left(\frac{\nu_t}{\sigma_\varepsilon}\frac{\partial \varepsilon}{\partial x_j}\right) \quad \text{Diffussion}$$

$$+ c_{\varepsilon 1}\frac{\varepsilon}{k}\nu_t\left(\frac{\partial \overline{u}_i}{\partial x_j} + \frac{\partial \overline{u}_j}{\partial x_i}\right)\left(\frac{\partial \overline{u}_i}{\partial x_j}\right) \quad \text{Produktion}$$

$$- c_{\varepsilon 2}\frac{\varepsilon^2}{k} \quad \text{Dissipation}$$

(2.13)

Die Konstanten $c_{\varepsilon 1}$ und $c_{\varepsilon 2}$ sind empirische Konstanten, mit $c_{\varepsilon 1}=1.44$ und $c_{\varepsilon 2}=1.92$. Die Wirbelviskosität ν_t wird über die Kolmogorov-Prandlt-Beziehung bestimmt:

$$\nu_t = c_\mu \frac{k^2}{\varepsilon} \quad (2.14)$$

Das Standard k-ε-Modell sowie viele andere Modelle sind auch für Strömungsformen mit hohen Reynoldszahlen anwendbar. In Wandgrenzschichten geht die Strömungsturbulenz stark zurück, so dass die viskosen Kräfte die Ausbildung der Strömung beeinflussen. Im Wandbereich sind die Annahmen, die bei der Herleitung der Modellgleichung gemacht wurden, nicht mehr gültig. Aufgrund dessen sind Modellmodifikationen erforderlich. Ebenso sind starke Strömungsgradienten in dieser Wandschicht maßgebend und erfordern eine feine Auflösung des Wandbereiches. Um diese Wandeffekte in das Modell einzubeziehen, wird die viskose Unterschicht entweder durch sogenannte Wandfunktionen überbrückt, oder man verwendet ein Low-Reynolds-Number (LRN) Turbulenzmodell.

2.5 Modifikation des Standard k-ε Modells

Low-Reynolds-Number k-ε-Modell
Um die molekulare Viskosität, die in Wandnähe einen entscheidenden Einfluss besitzt und bei der Herleitung des Standard k-ε Modells nicht erfasst wurde, zu berücksichtigen, sind die sogenannten Low-Reynolds-Number (LRN) k-ε Modelle entwickelt worden. Die erste Version des LRN k-ε-Modells wurde von Jones und Launder [56] vorgeschlagen. Darauf folgten eine Vielzahl von weiteren Arbeiten auf diesem Gebiet. Eine Übersicht über weitere Low-Reynolds-Number-Modelle findet man in [26] und [41]. Nachteile dieser Modelle sind, dass sie eine relativ feine Auflösung im wandnahen Bereich benötigen, um gute Ergebnisse zu produzieren. Deshalb ist die Anwendung von Low-Reynolds-Number Turbulenzmodellen auf zweidimensionale Strömungsarten beschränkt.

Bei LRN k-ε-Modell werden die Koeffizienten des Standard k-ε-Modells so modifiziert, dass die Dämpfungseffekte in Wand- bzw. Grenzschichtnähe mit berücksichtigt werden. Dies erfolgt in den meisten Modellversionen durch Einführung einer Funktion f_μ zur Dämpfung der Wirbelviskosität und f_2 als Senkenterm der ε-Transportgleichung. Darüber hinaus besitzt das Modell von Jones und Lauder [56] einen modellierten Gradienten-Produktionsterm $p_{\varepsilon 3}$ in der ε-Transportgleichung, um bessere Wandwerte zu erzielen.

Umströmung scharfkantiger Körper
Die Untersuchung des Strömungsfeldes um scharfkantige Körperelemente (sharp-edged bodies) ist aufgrund auftretender verschiedener Strömungseigenschaften ein geeignetes numerisches Testbeispiel.
Die Abbildung 2.1 zeigt die Umströmung solcher Körper in einer turbulenten Grenzschicht (turbulent boundary layer). Im Eintrittsrand des Berechnungsgebietes fließt das Medium (inflow boundary condition). An der Vorderseite des Körpers staut sich das Medium (Stagnation). In diesem Punkt, der ca. 0.8 fache Modellhöhe über dem Boden liegt, setzt sich die gesamte kinetische Energie des anströmenden Fluids vollständig in Druck um. In Bodennähe entsteht außerdem ein stehender Wirbel (standing vortex). An den vorderen Körperkanten löst sich die Strömung ab (separation) und legt sich weiter hinten wieder an (reattachment). Hinter dem Körper bildet sich eine große Rezirkulation (recirculation) aus, die durch eine freie Scherschicht (free shear layer) von der Hauptströmung getrennt wird. Der Wiederanlegungspunkt hinter dem Körper liegt bei turbulenten Strömungen in einem Intervall von etwa 1-2 Körperhöhe, und wird als die Stelle definiert, wo $\bar{\tau}_w = 0$ ist.

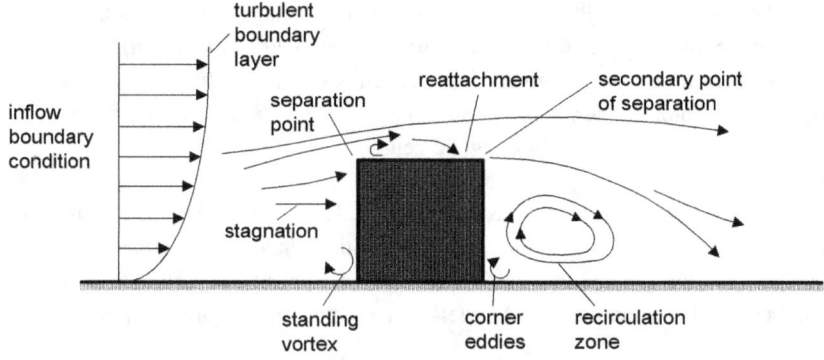

Abbildung 2.1: Strömungsfeld um einen Würfel [27]

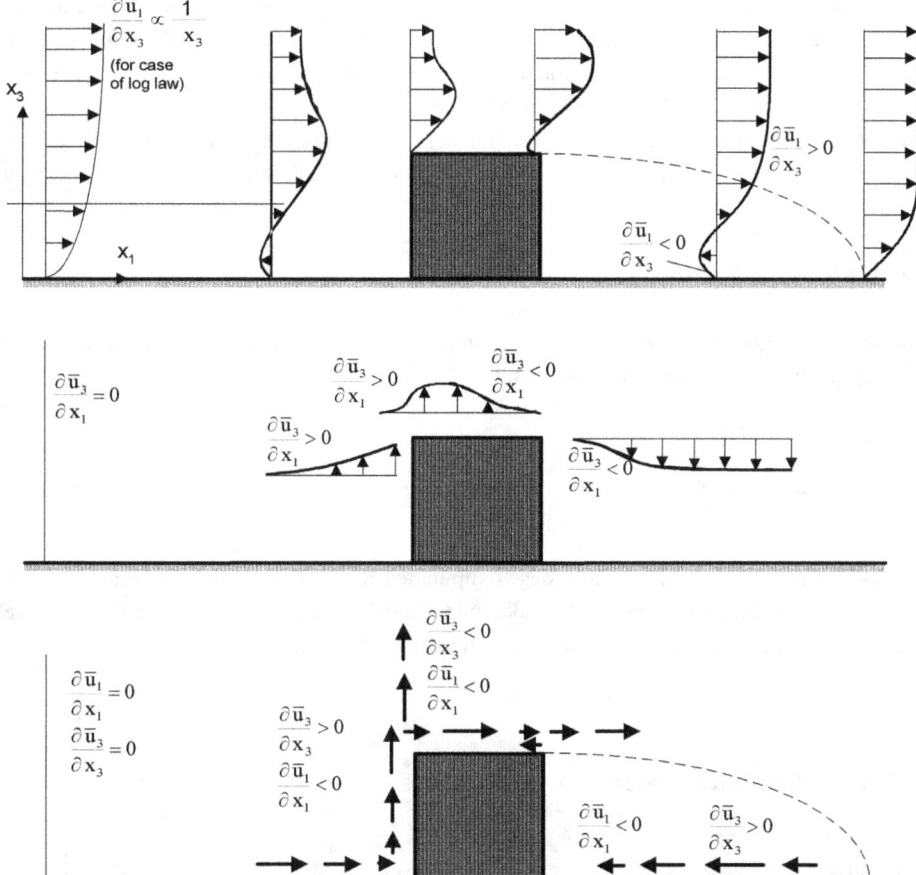

Abbildung 2.2: Verteilung der Spannungstensors um einen 2 dimensionalen vierkantigen Körper [30]

Fast alle oben beschriebenen Phänomene (Staupunktströmung, Strömungsumlenkung, Strömungsablösung, Strömungswiederanlegung und Strömungsrezirkulation), die sehr schwierig zu modellieren sind, erscheinen bei der Umströmung scharfkantiger Körper. Besondere Merkmale solcher komplexen Strömungsgebiete sind die Verteilung der Geschwindigkeitsgradienten, die die Abbildung 2.2 zeigt.

Turbulenzmodelle auf der Basis der Wirbelviskosität bei der Anwendung auf Umströmung scharfkantiger Körper weisen einige grundlegende Mängel und Unzulänglichkeiten auf.
Der Produktionsterm der turbulenten kinetischen Energie k (P_k) besitzt ausschließlich positive Werte, während bei der Umströmung eines Würfels u. a. Gebiete mit negativen P_k erscheinen.

Das Standard k-ε Modell liefert bei der Berechnung von verschiedenen einfachen Strömungskonfigurationen zufriedenstellende Ergebnisse. Die Erfahrung zeigt, dass das k-ε Modell bei einer Vielzahl von komplexen Strömungen einige grundlegende Mängel aufweist. Die Effekte zusätzlicher Scherungen durch Stromlinienkrümmung, Rezirkulation und Drall weichen zum Teil stark vom experimentellen Ergebnis ab. Diese Defizite des Modells führen zu der Entwicklung einer Vielzahl von Modellversionen.
Eine Verbesserung der Vorhersage wird mit der Einführung eines funktionellen Ausdrucks statt eines konstanten Wertes für c_μ von Rodi [41] als eine Funktion von P_k/ε vorgeschlagen.

Lauder-Kato k-ε Modell

Eine andere Methode für einfache Scherströmungen zur Modifikation von c_μ basiert auf der Abhängigkeit von der Scherungs-Invariante:

$$S = \sqrt{\frac{1}{2}\left(\frac{\partial \bar{u}_i}{\partial x_j} + \frac{\partial \bar{u}_j}{\partial x_i}\right)^2} \quad (2.15)$$

Die k-ε-Modellierung in Bereichen des Staupunktes bewirkt eine zu hohe Produktion. Um dies zu vermeiden, modifizierten Launder und Kato [14] das k-ε-Modell (LK k-ε Modell), indem sie den Produktionsterm P_k neu formuliert haben, demnach ist:

$$P_k = \nu_t S \Omega \quad (2.16)$$

Wobei die Wirbel-Invariante Ω wie folgt definiert ist:

$$\Omega = \sqrt{\frac{1}{2}\left(\frac{\partial \bar{u}_i}{\partial x_j} - \frac{\partial \bar{u}_j}{\partial x_i}\right)^2} \quad (2.17)$$

Launder und Kato [14] berechneten die Umströmung eines Quaders mit konstanter Anströmung und erzielten gute Ergebnisse. Später testete Selvam [37] die Leistung diese

Ansatzes anhand einer Strömung um ein Haus bei einer Grenzschichtströmung mit zufriedenstellenden Ergebnissen. Die Ergebnisse von Murakami [31] weichten im Vergleich hierzu von den experimentellen Daten ab.

Murakami-Mochida-Kondo k-ε Modell

Das LK Modell beseitigt die übermäßig hoch berechnete Produktion im Bereich des Staupunktes. Der Nachteil dieses Modells ist eine Inkonsistenz in der Modellierung der Reynoldsschen Spannung und von P_k. In der Gleichung der kinetischen Transportenergie k existiert noch ein Term mit der gleichen Formulierung wie P_k.

Das MMK-Modell (**M**urakami, **M**ochida, **K**ondo) [26] ist eine Weiterentwicklung des LK-Modells. Die Berechnung der Wirbelviskosität wird in zwei Bereiche aufgespalten. Demnach wird im MMK-Modell der Produktionsterm der kinetischen Turbulenzenergie wie folgt bestimmt:

$$P_k = \nu_t S^2 \qquad (2.18)$$

$$\nu_t = C_\mu^* \frac{k^2}{\varepsilon} \qquad (2.19)$$

$$C_\mu^* = \begin{cases} C_\mu \dfrac{\Omega}{S} & ,\text{wenn} \quad \dfrac{\Omega}{S} < 1 \\ C_\mu & ,\text{wenn} \quad \dfrac{\Omega}{S} \geq 1 \end{cases} \qquad (2.20)$$

Die numerischen Untersuchungen von Murakami [30] zeigen durchaus gute Übereinstimmungen mit den experimentellen Ergebnissen bei einer zwei- und dreidimensionalen turbulenten Umströmung eines Quaders.
Einen Überblick über die Anwendungsbereiche der Turbulenzmodelle gibt die Tabelle 2.1.

Zusammenfassend hat sich herausgestellt, dass das MMK Modell zur Berechnung der stumpfen Bauelemente zur Zeit den besten Kompromiss zwischen Genauigkeit und Rechenzeit darstellt. Dieses Modell dient in dieser Arbeit zur Simulation der Turbulenz. Die Vergleichsrechnungen in Kapitel 4 weisen auf die Eignung dieses Verfahrens hin.

Tabelle 2.1: Überblick über die Anwendungsgebiete der Turbulenzmodelle [31], [49]

Turbulence model	Standard k-ε	Modified k-ε LK	Modified k-ε MMK	Low-Re. No. k-ε	RSM GL	RSM CL	LES Conventional S	LES Dynamic SGS
1. Simple flows (channel flow, pipe flow, etc) (local equilibrium is valid)	○	○	○	○	○	○	○	○
2. Flow around bluff body (with turbulent approaching wind, local equilibrium is not valid)								
(1) Impining area	X	△,○	△,○	X,△	X	△,○	○	○
(2) Separated area	X	△	○	X,△	△	△,○	○**	○
(3) With oblique wind angle	X,△	△,○	○	○	△	△,○	○**	○
3. Transitional Flow (low Re number effects)								
(1) near-wall	○*	○*	○*	△,○	○*	○*	○**	○
(2) non-rear-wall	X	X	X	X	X	X	X	○
4. Convective heat transfer at wall	X,△	○	X,△	○	X,△		X,△	○
5. Unsteady flow								
(1) vortex shedding	X	○	○	△	○	○	○	○
(2) fluctuation over wide-spectrum range	X	X	X	X	X	X	○	○
6. Stratified flow	X	X	X	X,△	△	△	△	○

Note: ○ : funktions well; △ : insufficient functional; X: function poorly; ○*:function well when Re number type model is employed; ○** :functions well with wall damping function; LK: Launder-Kato; MMK: Murakami-Mochida-Kondos; S: Smagorinsky model; GL: Gibson-Launder model; CL: Craft-Launder model; Dynamic SGS

2.6 Diskretisierungsmethoden

Bei der numerischen Lösung von Differentialgleichungen, die den räumlichen kontinuierlichen Zustand einer Strömung beschreiben, wird der betrachtete Raum in diskrete Volumen oder Punkte zerlegt. Die Differentialgleichungen werden dabei in ein Gleichungssystem umgewandelt, das die Werte der Lösungsfunktion nur an endlich vielen Punkten des Berechnungsgebietes approximativ bestimmt. Zur Diskretisierung der Differentialgleichungen ist von der Theorie her die einfachste Variante die Methode der:

Finite Differenzen

Bei der Methode der finiten Differenzen wird der Definitionsbereich einer Differentialgleichung bzw. ihrer Lösung durch ein diskretes Punktgitter ersetzt und jede Ableitung durch einen Differenzenausdruck, der auf das Punktgitter bezogen ist. Die Differentiale dieser Feldwerte erhält man dann aus den Differenzen benachbarter Werte. Dies geschieht durch eine formale Integration der Differentialgleichungen über ein Maschenvolumen und eine Approximation des analytisch nicht integrierbaren Anteils.
Vorteile dieses Verfahrens sind einerseits die einfache Umsetzbarkeit in Programme, andererseits die guten Vergleichsmöglichkeiten mit anderen numerischen Rechnungen strömungstechnischer Probleme. Beschränkte Genauigkeit durch den auftretenden

Abbruchfehler und die bei den krummlinigen Berandungen komplizierten Randbedingungen zählen zu den Nachteilen dieses Verfahrens.

Finite Volumen

Beim Finite Volumen-Verfahren muss die zu lösende Differentialgleichung zunächst in eine Integralform umgeformt werden. Das Berechnungsgebiet wird dann in finite Volumen unterteilt, in denen die eigentliche Integration durchgeführt wird. Durch die Integration entstehen Bilanzgleichungen, die eine konservative Diskretisierung gewährleisten. Das bedeutet, dass, was aus einem Kontrollvolumen hinausströmt, in das benachbarte Kontrollvolumen hineinfließt. Der Vorteil dieses Verfahren ist es, auf einfache Weise die Diskretisierungsgenauigkeit erhöhen zu können.

Finite Elemente

Bei dieser Methode wird das Grundgebiet in Teilbereiche, sogenannte finite Elemente unterteilt. Finite Elemente Verfahren sind nicht auf struktierte Netze beschränkt und es können im allgemeinen Netze mit verschiedenen Elementen (Tetraeder, Quader, usw.) verwendet werden. Auf jedem dieser Elemente werden Knotenpunkte festgelegt. Auf diesen Elementen werden außerdem Approximationslösungen als Polynome mit unbestimmten Koeffizienten definiert, die durch gesuchte Lösungen auf den Knoten ausgedrückt werden. Das Differentialgleichungsproblem ist damit in eine Integralaufgabe umgewandelt, die nach den unbekannten Werten aufgelöst werden kann. Vorteilhaft gegenüber den anderen Verfahren ist es, dass geometrisch unregelmäßige Ränder (d.h. krummlinige Koordinaten) erlaubt sind, und dass lokale Bereiche höherer Auflösung möglich sind. Als Nachteile zählen hier, dass die Matrizen der auftretenden Gleichungssysteme voller besetzt sind und eine höhere mathematische Vorarbeit notwendig ist.

2.6.1 Randbedingungen

Zur Lösung des gekoppelten Systems der partiellen Differntialgleichungen, die den Erhalt von Masse, Impuls und Energie beschreiben, sowie für die Transportgleichungen der turbulenten Größen, benötigt man geeignete Randbedingungen. Die Ränder des physikalischen Rechengebietes werden so gewählt, dass dort die Strömung durch eine der folgenden Vorgaben beschrieben werden kann:

Haftbedingung (no-slip)

Diese Randbedingung bedeutet, dass die Fluidteilchen an einer Wand haften. Demzufolge werden die Geschwindigkeitskomponenten in Normal- und Tangentialrichtung mit null belegt:

$$u_n = 0, \quad u_t = 0 \qquad (2.21)$$

Gleitbedingung (free-slip)

Die Fluidteilchen dürfen entlang der Wand gleiten, diese jedoch nicht durchdringen. Im Gegensatz zur Haftbedingung entstehen entlang der Wand keine Reibungsverluste.

$$u_n = 0 \qquad (2.22)$$

Symmetrierandbedingungen

Bei achsensymmetrischen Problemen sind die Symmetrierandbedingungen sehr vorteilhaft, da der Rechenaufwand enorm verringert wird. An den Symmetrielinien sind die Normalkomponenten des Geschwindigkeitsfeldes und die Scherspannung gleich null:

$$u_n = 0, \quad \frac{\partial u_t}{\partial n} = 0 \qquad (2.23)$$

Einströmbedingung (inflow)

Die Geschwindigkeitskomponenten werden dem Strömungstyp entsprechend fest vorgegeben. Bei der dreidimensionalen Strömungskonfigurationen sind die Geschwindigkeitskomponenten u, v und w für die x-, y-, und z-Koordinatenrichtung zu betrachten:

$$u = u(y,z), \quad v = v(y,z), \quad w = w(y,z) \qquad (2.24)$$

Die Randbedingungen für k und ε an der Einströmgrenze können dann exakt vorgegeben werden, wenn Messungen existieren, sonst müssen sie geschätzt werden. In der Literatur findet man:

$$k_{inl} = \frac{3}{2}(I\,u_{inl})^2 \qquad (2.25)$$

Die Turbulenzintensität I liegt je nach Strömungsart zwischen $5 \cdot 10^{-5}$ (turbulenzarm) und 0.2 (voll turbulent).

$$\varepsilon_{inl} = \frac{k_{inl}^{1.5}}{0.3\,D} \qquad (2.26)$$

Darin ist D der hydraulische Durchmesser des Einlaufkanals und wird wie folg bestimmt:

$$D = \frac{4\,A}{U} \qquad (2.27)$$

Wobei A für die Kanalquerschnittfläche und U für den Umfang des Kanaleintritt steht.

Ausströmbedingung (outflow)

Im Allgemeinen sind die Bedingungen an Ausströmungen nicht bekannt. Es empfiehlt sich daher Austrittsränder in Gebiete zu legen, in denen die Strömungsverlauf keine oder nur noch geringfügige Änderungen aufweist und die stromaufwärts befindliche Strömungsausbildung nicht mehr beeinflusst. In diesem Fall bilden Nullgradientenbedingungen die Strömungsverhältnisse mit ausreichender Genauigkeit ab:

$$\frac{\partial u}{\partial x}=0, \quad v=0, \quad \frac{\partial k}{\partial x}=0, \quad \frac{\partial \varepsilon}{\partial x}=0 \qquad (2.28)$$

Es ist offensichtlich, dass diese Randbedingungen nur eingesetzt werden können, wenn in Hauptströmungsrichtung keine nennenswerten Gradienten mehr bestehen. Alternativ kann am Ausströmrand der Druck vorgegeben werden. Die Geschwindigkeiten ergeben sich dann aus der Druckkorrekturgleichung. Dieses sind dann exakte Randbedingungen, wenn an der Ausströmgrenze die Strömung voll ausgebildet ist. Ansonsten wird die Entwicklung der Strömungsgrößen beeinflusst. Es muss daher geprüft werden, ob durch die Wahl dieser Randbedingungen die Strömungseigenschaft in dem zu untersuchenden Gebiet beeinflusst wird. Bei einer starker Beeinflussung ist daher die Ausströmgrenze ausreichend weit stromab zu legen. Weitere mögliche Randbedingungen und eine ausführliche Diskussion zu diesem Thema findet man z. B. in Schönung [41] Noll [36].

2.6.2 Wandgesetz

In der wandnahen Schicht geht die Strömungsturbulenz stark zurück und viskose Kräfte nehmen Einfluss auf die Ausbildung der Strömung. In diesen Bereichen sind die Annahmen, unter denen die Modellgleichungen hergeleitet wurden, nicht mehr gültig. Um den Einfluss der viskosen Kräfte zu erfassen, sind Modellmodifikationen notwendig. Außerdem ist aufgrund der hohen Gradienten in der Grenzschicht die Auflösung des Wandbereiches erforderlich. Außer dem daraus resultierenden hohen Rechenaufwand müssen auch alle physikalischen Vorgänge im wandnahen Bereich, so auch der Übergang von molekularer zu turbulenter Impulsübertragung, modelliert werden. Diese führt zur „low-Reynolds-Number-Modellierung". Ein anderer Weg bietet sich durch die Methode der Wandfunktion an. Wandfunktionen sind analytische Funktionen, die durch eine geeignete Entdimensionierung der betrachteten Größen und des Wandabstandes mit lokalen Wandgrößen, wie z.B. der Wandschubspannung, universellen Charakter erhalten. Außerhalb der Wandschicht kann mit einem einfachen Feldverfahren, dann mit einem relativ groben Rechengitter weitergerechnet werden. Eine Vergleichsrechnung von Wilcox [53] zeigt, dass die beiden Verfahren fast gleiche Ergebnisse liefern. Allerdings wurde ein großer Unterschied in der Rechenzeit festgestellt.

Um diese Wandeffekte in das Modell einzubinden, wird die viskose Unterschicht in der Regel die sogenannte Wandfunktionen benutzt, die den Bereich zwischen Wand und Grenzschicht durch analytische Funktionen überbrücken.

Logarithmisches Wandgesetz

Zur Herleitung des universellen Wandgesetzes wird die Grenzschichtgleichung für zweidimensionale, inkompressible und turbulente Strömungen herangezogen:

$$u\frac{\partial u}{\partial x}+v\frac{\partial u}{\partial z}=-\frac{1}{\rho}\frac{dp}{dx}+\frac{\partial}{\partial z}\left(v\frac{\partial u}{\partial z}-\overline{u'v'}\right) \tag{2.29}$$

Die Basis des logarithmischen Wandgesetzes für den Impulsfluss ist eine vollausgebildete wandparallele Grenzschichtströmung ohne Druckgradienten in Strömungsrichtung (d.h. u=u(z), v=0, dp/dx = 0). Unter der Annahme einer konstanten wandparallelen Gesamtschubspannung in der Grenzschicht liefert die Integration der Impulsgleichung (2.29):

$$\tau=\mu\frac{du}{dz}-\rho\overline{u'v'}=\tau_w \tag{2.30}$$

Durch eine geeignete Entdimensionierung erlangen die Wandfunktionen ihren universellen Charakter. Als Bezugsgröße wird die Schubspannungsgeschwindigkeit u_τ eingeführt:

$$u_\tau=\sqrt{\frac{|\tau_w|}{\rho}} \tag{2.31}$$

Folgende dimensionslose Variablen werden definiert:

$$u^+=\frac{u}{u_\tau}, \qquad z^+=\frac{zu_\tau}{v} \tag{2.32}$$

Daraus ergibt sich aus der Gleichung (2.30):

$$\frac{du^+}{dz^+}+\tau_t^+=1 \tag{2.33}$$

Für die vollturbulente Schicht ist eine geeignete Modellierung der turbulenten Schubspannung τ_t^+ notwendig. Nach der Mischungsweg-Hypothese von Prandtl gilt:

$$\tau_t^+=1^{+2}\left|\frac{du^+}{dz^+}\right|\frac{du^+}{dz^+} \tag{2.34}$$

Mit einer geeigneten Modellannahme von $l^+(z^+)$ wird aus der Gleichung (2.34) eine Differentialgleichung für die Geschwindigkeitsverteilung hergeleitet. Für $z^+ \to 0$ und $z^+ \to \infty$ können auch ohne Modellierung Angaben über den Verlauf von $u^+(z^+)$ gemacht werden:

a) rein viskose Schicht: $z^+ \to 0$

Unmittelbar an der Wand muss die turbulente Schwankungsbewegung verschwinden ($l^+=0$). Daher lautet die Integration der Gleichung (2.33):

$$u^+ = z^+ \tag{2.35}$$

b) vollturbulente Schicht: $z^+ \to \infty$

In diesem Bereich besitzt die Viskosität gegenüber dem Impulsaustausch keine Wirkung. Die Funktion $l^+(z^+)$ muss daher von der Viskosität unabhängig sein. Für diesen Bereich gilt also:

$$l^+ = \kappa z^+ \tag{2.36}$$

Wobei κ eine universelle Konstante ist, die Karman-Konstante genannt wird
Aus der Integration der Gleichung (2.33) folgt:

$$u^+ = \frac{1}{\kappa} \ln z^+ + C = \frac{1}{\kappa} \ln (E z^+) \tag{2.37}$$

Die Integrationskonstanten C und E sind empirische Größen, die aus experimentellen Untersuchungen bestimmt werden. Für glatte Wände gilt E = 9. Die Abbildung 2.3 zeigt schematisch die Geschwindigkeitsprofile der Wandgesetze.

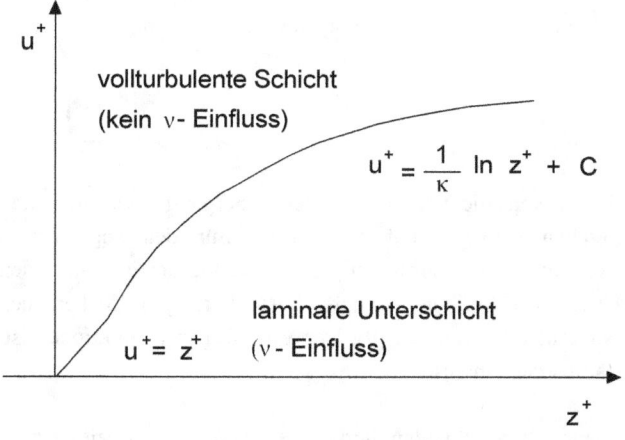

Abbildung 2.3: Geschwindigkeitsprofile der Wandgesetze

Der Verlauf der turbulenten kinetischen Energie k im Wandbereich wird durch die Produktionsrate P_k ermittelt. Unter der Annahme eines lokalen Gleichgewichts zwischen der Produktion und der Dissipation turbulenter kinetischer Energie für die turbulente Grenzschicht vereinfachen sich die Transportgleichungen für die kinetische Turbulenzenergie bei konstanter Schubspannung zu

$$k = \frac{\tau_w}{\rho \sqrt{c_\mu}} = \frac{u_\tau^2}{\sqrt{c_\mu}} \qquad (2.38)$$

Und damit:

$$z^+ = y\, c_\mu^{0.25}\, k^{0.5} \qquad (2.39)$$

$$\tau_w = -\rho\, u_\tau^2 = -\rho\, c_\mu^{0.25}\, k^{0.5}\, \frac{\kappa\, u}{\ln(E z^+)} \qquad (2.40)$$

Zusammengefasst lautet der Verlauf der Schubspannung an der Wand:

$$\tau_w = T_M\, u \qquad (2.41)$$

Für laminare und turbulente Strömung ist T_M wie folgt definiert:

$$T_M = \begin{cases} \mu/z & z^+ \leq z_0^+ \\ \dfrac{\sqrt{\rho|\tau|}\,\kappa}{\ln(E z^+)} & z^+ > z_0^+ \end{cases} \qquad (2.42)$$

Aus der lokalen Gleichgewichtsbedingung für die Dissipationsrate folgt:

$$\varepsilon = \frac{u_\tau^3}{\kappa y} \qquad (2.43)$$

Das hergeleitete Wandgesetz hat Zweischichtcharakter. Der Übergang zwischen den laminaren und turbulenten Bereichen erfolgt nicht schlagartig. Für den sogenannten Übergangsbereich existieren weitere Formulierungen der Wandgesetze, die den Übergangsbereich als dritte Schicht beschreiben. Andere Formulierungen decken den gesamten z^+-Bereich durch eine Näherungsfunktion ab [9]. Der Vorteil dieser Funktionen ist, dass keine Sprünge in den u^+-Verläufe erscheinen.

Da diese Wandfunktionen für ebene Grenzschichten hergeleitet wurden, sind sie, streng genommen, nur dafür geeignet. Bei komplexen Strömungskonfigurationen, z. B.

Staupunktströmung, Stromlinienkrümmung und Ablösung, führt die Verwendung eines Wandgesetzes zu einer ungenauen Beschreibung des Geschwindigkeitsprofils. Aufgrund dessen sollte man die wandnahen Bereiche lokal verfeinern, um mit der ersten Masche des Maschengitters in die Nähe der laminaren Unterschicht zu gelangen. Denn in diesem Bereich ist die Übereinstimmung zwischen der Formulierung durch den linearen Ansatz der laminaren Unterschicht und dem Experiment recht gut [Rodi, Turbu. Modell and their application].

Potenzgesetz

Neben dem logarithmischen Gesetz wird in der Gebäudeaerodynamik häufig das Potenzgesetz angewendet:

$$\frac{u(z)}{u_{ref}} = \left(\frac{z}{z_{ref}}\right)^{\alpha} \tag{2.44}$$

Dabei ist die u_{ref} die Geschwindigkeit an der Höhe z_{ref}. Der Exponent α stellt ein Maß für die Bodenrauhigkeit dar. Je rauher der Boden, desto langsamer nimmt die Geschwindigkeit mit der Höhe zu. Die Abbildung 2.4 verdeutlicht die Geschwindigkeitsprofile und die zugehörigen Exponenten in verschiedenen Geländekategorien.

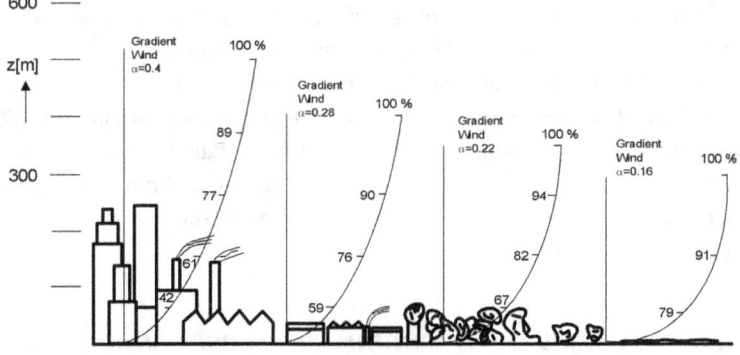

Abbildung 2.4: Windprofile für verschiedene Geländetypen [43]

2.7 Gittertopologie

Die Abbildungsgenauigkeit des Berechnungsraumes sowie der Aufwand und die Dauer der Gittergenerierung hängt stark von der Art der Gittertopologie ab. Die Gitterstruktur beeinflusst außerdem die Stabilität und Komplexität des numerischen Lösungsverfahrens, die Qualität der Berechnungsergebnisse, die Rechenzeit sowie den Speicherplatzbedarf.
Die Diskretisierung des Lösungsraums kann grundsätzlich mittels Zonenmethoden oder Gesamtgebietsverfahren erfolgen. Beim Gesamtgebietsverfahren wird mit einem einzigen

Gitter das Rechengebiet abgebildet und ein Modellansatz verwendet. Bei Zonenmethoden dagegen wird der Lösungsraum in unterschiedliche Teilgebieten (Blöcke) unterteilt. Für jeden Block werden Gitter mit problemangepasster Auflösung sowie mathematische und physikalische Modelle verwendet. An den Blockgrenzen erfolgt der Datenaustausch durch Interpolation. [46]

Zur Erfüllung bestimmter Kriterien, u. a. zur Verringerung des numerischen Fehlers und der Verbesserung der Ergebnisse eines Modells wird eine Gitterverfeinerung vorgenommen. Dabei können die Stelle und der Grad der Gitterverfeinerung entweder durch den Anwender oder adaptiv festgelegt werden. Man unterscheidet die globale und die lokale Verfeinerung:

Globale Verfeinerung

Durch die Verschiebung von Gitterpunkten, -linien oder -ebenen eines gleichmäßig (grob) verteilten Berechnungsgitters kann lokal eine höhere Netzauflösung erzielt werden. Diese Methode wird wegen der Verschiebung von Gitterelementen als *moving mesh technique* oder *dynamische Gitteranpassung* genannt. Die globale Verfeinerung wird oft in Verbindung mit konturangepassten Gittern verwandt.

Lokale Verfeinerung

Bei der lokalen Gitterverfeinerung existieren zwei Methoden: die Überlagerung von groben durch feine Gitter sowie die Einbettung von Punkten in ein Basisgitter. Bei der lokalen Verfeinerung durch Überlagerung wird ein grobes Basisgitter von strukturierten feinen Gittern überdeckt. Der Vorteil dieses Verfahrens besteht im schnellen Transport von Informationen auf dem groben Gitter, während die feinen Netze die lokal erforderliche Genauigkeit aufweisen. Einbettungsmethoden bilden den Lösungsraum durch ein einzelnes Gitter ab, in das lokale Gitterebenen und –linien, oder auch einzelnen Punkte, eingefügt, bzw. daraus entfernt werden. Im letzteren Fall werden grobe Gitterzellen in mehrere feine Zellen unterteilt, die ein unstrukturiertes Gitter darstellen. Eine detaillierte Beschreibung zu diesem Thema findet man beispielweise in [46].

2.8 Zusammenfassung der Erkenntnisse über numerische Methoden

Abschließend lassen sich die gewonnenen Erkenntnisse über die Anwendung der numerischen Simulation folgendermaßen zusammenfassen:

$\Rightarrow$ Zur Behandlung der Turbulenz werden folgende drei Methoden angewendet:

- Vollständige Simulation (Direct Numerical Simulation: **DNS**)
- Grobstruktursimulation (Large Eddy Simulation: **LES**)
- Statistische Modelle (Reynold Averged Navier-Stokes: **RANS**)

⇒ Der Aufwand der numerischen Simulation steigt von der einfachsten Methoden der Turbulenzmodellierung zur vollständigen Lösung enorm an. Die Allgemeingültigkeit der Modelle nimmt in gleicher Reihenfolge jedoch zu.

⇒ Die numerischen Simulationen sind mit folgenden Fehlern verbunden:

- Modellfehler: hängen davon ab, wie genau die der Berechnung zugrunde liegenden Gleichungen die tatsächliche Strömung beschreibt.
- Diskretisierungsfehler: dieser wird durch die Feinheit des numerischen Gitters bestimmt. Mit fein werdenden Gitter und Zeitschritten konvergiert jedes Berechnungsverfahren zu einer gitterunabhängigen Lösung. Aufgrund der begrenzten Rechen- und Speicherkapazitäten gibt es in meisten Fällen eine begrenzte Feinheit der Diskretisierung.
- Lösungsfehler: Anzahl der Iterationen (kleinere Residuen) und höheren Genauigkeit (kleinere Rundungsfehler) werden vom Anwender bestimmt.

Kapitel 3

3. Modellierung mit dem CFD-Code CFX

Dieses Kapitel beschreibt die numerische Simulation mit dem CFD-Programm CFX-4.2. In einem ersten Abschnitt wird auf die Programmbausteine des Programms eingegangen. Danach wird die neue Einstellung bzw. Modifikation des Programms erläutert.

3.1 Charakteristische Merkmale der standard-Software

In Kapitel 2 wurden die Turbulenzmodelle zur Simulation der turbulenten Strömungen besprochen. Es wurde außerdem die Modifikation des k-ε-Modells nach Murakami, Mochida, Kochida (MMK) vereinbart. In diesem Kapitel wird die numerische Umsetzung des theoretischen Berechnungsmodells beschrieben. Dabei werden neben einer kurzen Beschreibung des verwendeten Programmsystems die eigenen Modifikationen und Erweiterungen erläutert.

Die gesamten Simulationsberechnungen dieser Arbeit werden mit einem kommerziellen CFD-Programm, CFX Version 4.2 durchgeführt. Dieses Software-Paket besteht aus mehreren Programmbausteinen und dient zur Berechnung von laminaren und turbulenten Strömungen. Darüber hinaus ist die Simulation von Nicht-Newtonschen- und Mehrphasenströmungen, sowie von chemischen Reaktionen möglich.
Folgende Module werden im Rahmen dieser Arbeit verwendet:

- Preprocessor $\begin{cases} \text{Gittergenerator} \\ \text{Kommando-Modul} \end{cases}$

- Gleichungslöser
- Postreprocessor

Gittergenerator

Der Gittergenerator dient zur Generierung der Netzgeometrie und -topologie. Die einfachen Gitter können im sogenannten Comand-File des Kommando-Moduls generiert werden. Komplexe Gittergenerierung mit variabler Gitterweite, die oft in dieser Arbeit Anwendung findet, müssen innerhalb des Gittergenerators durchgeführt werden.

Kommando-Modul

Hier werden die erforderlichen Daten zur Art der Strömung, die verwendeten Fortran User-Subroutinen, der Lösungsalgorithmus und die Randbedingungen (soweit sie nicht in den Soubroutines-Programme definiert sind), vorgegeben. Die Kommandos werden in einer speziellen Sprache, die durch einzelne Schlüsselwörter und Unterkommandos übertragen wird, eingegeben. Desweiteren ist über unterschiedliche Fortran-Subroutines eine Modifikation des Programmablaufs oder ein Eingriff möglich.

Lösungsmodul

Dieses Modul löst die diskretisierten Gleichungen mit den Angaben aus dem Kommando-Modul. Die Ausgabe der Ergebnisse geschieht entweder in Listenform (Output-File) oder in graphischer Form (Dump-File). Der Dump-File wird außerdem für einen Restart benutzt.

Graphikmodul

Zur graphischen Ausgabe dient der CFX-Postprocessor. Es können wahlweise Stromlinien, Geschwindigkeitsfelder, Geschwindigkeitsvektoren und Druckfelder dargestellt werden. Dieses Modul bietet allerdings nur eingeschränkte Möglichkeiten zur Darstellung dimensionsloser und dimensionsbehafteter Feld- und Wandwerte. Aufgrund von Formatierungsproblemen ist eine Weiterbearbeitung der Bilder schwierig. Um die Ergebnisse in den üblichen Darstellungen präsentieren zu können, wurde eine bestehende Auswertroutine innerhalb einer Fortran User-Subroutine zur Darstellung mit einem kommerziellen Programm (Origin) erweitert.

Die oben beschriebenen Module sind die Basis von CFX-4.2.
Eine ausführliche Beschreibung der einzelnen Programme findet man in den entsprechenden Handbüchern [4].

3.2 Netzgenerierung

Um die in Kapitel 2.4 und 2.5 beschriebenen Gleichungen numerisch zu lösen, ist die Erstellung eines geeigneten Rechennetzes notwendig. Dieses muss lokal so fein sein, dass eine Verfeinerung des Netzes keine Änderung der numerischen Lösung bewirkt.

Um die Grenzschichten gut genug aufzulösen, wurden zu den Wänden hin die Berechnungsgitter fließend verfeinert. Der Abstand der ersten Netzlinie über der Wand (Boden) wurde so eingestellt, dass für den dimensionslosen Wandabstand $10 \leq z^+ \leq 15$ gilt. Diese Netzverdichtung an den Wänden ergibt in dimensionsbehafteten Maßen Abstände bei den ersten Netzlinien, die über der Wand vom 0.01- bis 0.02 fachen von h variieren (die Bezugsgröße h ist die Höhe des Hindernisses).

3.3 Numerisches Lösungsverfahren und Modifikation des Programms

Die stationären Erhaltungsgleichungen bilden ein System gekoppelter, nichtlinearer, partieller Differentialgleichungen zweiter Ordnung. Die räumliche Diskretisierung basiert auf der Finite-Elemente-Methode. Bei diesem Verfahren werden zumeist entkoppelte Berechnungsmethoden angewendet, bei denen die Differentialgleichungen hinsichtlich der inneren Iteration nacheinander gelöst werden. Dabei wird die linearisierte Transportgleichung für jede Variable getrennt an einen Gleichungslöser übergeben, der diese auf dem Berechnungsgitter approximiert. Über eine äußere Iteration wird die Kopplung der Variablen berücksichtigt. Das Konvergenzverfahren und die Stabilität des Berechnungsverfahrens wird von der Genauigkeit der Entkopplung für die innere Iteration und der anschließenden Kopplung in der äußeren Iteration beeinflusst.

Die Integration der differentiellen Erhaltungsgleichung über ein Kontrollvolumen liefert die linearisierten Erhaltungsgleichungen. Für jedes Kontrollvolumen des Berechnungsgebietes wird eine entsprechende linearisierte Gleichung aufgestellt und einem Gleichungslöser übergeben. Diese werden dann iterativ gelöst. Für alle Erhaltungsgleichungen in dieser Arbeit wird der Stone-Löser verwendet. Eine ausführliche Beschreibung hierzu findet man in [4]. Die Druckkorrekturgleichung wird mit einem konjugierten-Gradienten-Verfahren (ICCG) gelöst. Dieses Verfahren wird im CFX-Handbuch als ein effizientes und robustes Lösungsverfahren dargestellt.

Um die Geschwindigkeitsfelder zu ermitteln, löst man die Impulsgleichungen. Das geschieht meist auf der Basis eines vorgeschätztes Druckfeldes p*. Die daraus ermittelte Geschwindigkeitsverteilung u* muss die Kontinuitätsgleichung erfüllen. Ist das nicht der Fall, müssen der Druck p* und die Geschwindigkeit u* korrigiert werden. Die richtigen Werte für u und p ergeben sich aus den Näherungswerten u* und p* und den Korrekturen u^+ und p^+.

Als Ausgangsmodell für verschiedene Druckkorrekturverfahren ist das sogenannte SIMPLE-Verfahren (**S**emi-**I**mplicit **M**ethod for **P**ressure-**L**inked **E**quations) von Patankar und Spalding entwickelt worden, bei der der Einfluss der Geschwindigkeitskorrekturen der Nachbarpunkte vollständig vernachlässigt wird. In dieser Arbeit wird zur Kopplung des Druck- und Geschwindigkeitsfeldes das SIMPLEC–Verfahren (SIMPLE-**C**onsistent) verwendet. Hierbei wird angenommen, dass die Geschwindigkeitskorrekturen an den Nachbarpunkten identisch sind, genauso wie diejenigen am Mittelpunktknoten. Dadurch wird der Einfluss der Nachbarpunkte besser als bei der SIMLE-Methode berücksichtigt.

Zur Diskretisierung der Erhaltungsgleichungen bietet CFX verschiedene Ansätze an. Außer den konvektiven Termen werden alle Termen durch zentrale Differenzen mit einem Abbruchfehler 3. Ordnung diskretisiert. Für die konvektiven Termen stehen folgende Ansätze zur Verfügung: Upwind, Zentral, Hybrid, Higher Upwind Quick, CCCT. Aufgrund der geringeren Rechenzeit und Genauigkeit wird die Diskretisierung der Erhaltungsgleichung mit dem Hybrid-Schema nach Patankar für konvektive Termen vorgenommen.

Das CFX-Programm bietet die Möglichkeit, über verschiedene Fortran-Unterprogramme an definierten Stellen den Lösungsalgorithmus zu ändern. Das k-ε-Modell berechnet in der Nähe von Ablöse- bzw. Staupunkten höher turbulente Intensitäten. Die Ursache hierfür liegt in der Gleichung für die Dissipationsrate der turbulenten kinetische Energie, die in der Nähe von Ablöse- oder Staupunkten zu große Längenskalen produziert. (s. Kapitel 2).
Durch eine neue Definition von C_μ wird das k-ε-Modell nach Murakami, Mochida und Kotida (MMK-Modell) so modifiziert, dass der turbulente Längenmaßstab eine Dämpfung in Richtung des lokalen Gleichgewichtes erfährt. Diese Änderung wurde erfolgreich in der User-Subroutine USRVIS des CFX-Programms vorgenommen und wird zur Berechnung der nachfolgend dargestellten Strömungskonfigurationen verwendet.

Folgende User-Subroutine sind zusätzlich im Rahmen dieser Arbeit eingesetzt:

USRTRN: Diese Subroutine wurde so eingestellt, dass man zu speziellen Feldinformationen gelangt. So wurde eine Verarbeitung der Daten zu einer graphischen Darstellung in Zusammenhang mit einem kommerziellen Graphikprogramm (Origin) ermöglicht. Durch USRTRN ist es möglich, eine Vielzahl von dimensionslosen und dimensionsbehafteten Werten, wie z.B. Drücke auf der Wand, zu berechnen, so dass es mit einem Graphikprogramm dargestellt werden kann.

USRBCS: Um die spezielle Eingabe der Randbedingungen am Ein- und Ausströmrand zu ermöglichen, wurde diese Routine entsprechend erweitert.

USRWTM: Hier wird die Wandfunktion definiert. Es stehen drei Wandprofile zur Verfügung: linear, quadratisch und logarithmisch. Bei einer laminaren Strömung wird eine linare oder quadratische Funktion gewählt. Im Falle einer turbulenten Strömung wird das logarithmische Wandgesetz angewendet.

USRTPL: Um die zeitaufwendige manuelle Eingabe der Geometrien und jedes einzelnen Patches zu optimieren, wurde diese Routine entworfen. Dadurch wird auch eine Änderung der Geometrie und die spätere Ausgabe sehr erleichtert.

Die im Rahmen dieser Arbeit verwendeten numerischen Lösungsverfahren besitzen zusammengefasst folgende Merkmale:

⇒ Finite-Volumen-Verfahren mit zellzentrierter Variablenanordnung

⇒ kartesische Berechnungsgitter mit variablen Gitterweiten, fließende Verfeinerung in Richtung Wandnähe

⇒ Gleichungslöser: - konjugierte Gradientenverfahren (ICCG) für den Druck
                            - Stone-Löser für alle anderen Gleichungen

⇒ Diskretisierung: Hybrid Schema für konvektive Termen, alle anderen Terme werden zentral diskretisiert

⇒ Kopplung von Druck- und Geschwindigkeitsfeldern durch den SIMLEC-Algorithmus

⇒ konstante Stoffwerte

⇒ k-ε-Modell nach Murakami, Mochida und Kota (MMK-Model) zur Modellierung der Turbulenz

Kapitel 4

4 Validierung des numerischen Verfahrens

Die Qualität der numerischen Ergebnisse von turbulenten Strömungskonfigurationen hängt stark von den verwendeten Turbulenzmodellen ab. Die numerischen Untersuchungen auf der Basis der Lösung der Navier-Stokes-Gleichungen zeigen in vielen Fällen eine zufriedenstellende Übereinstimmung mit experimentellen Daten. Da diese empirischen Ansätze keine allgemeingültige Anwendung aufweisen, ist eine Validation des verwendeten Modellansatzes für die Kategorie der zu untersuchenden Strömungen erforderlich. Das Berechnungsverfahren soll zur Simulation turbulenter Strömungen um stumpfe und scharfkantige Körper eingesetzt werden. In Kapitel 2 wurde die Auswahl eines neuen k-ε Modells nach Murakami, Mochida und Kondo [26] als Basis des verwendeten numerischen Verfahrens erläutert. In diesem Kapitel wird die Leistungsfähigkeit des numerischen Verfahrens im Vergleich mit den experimentellen Daten dargestellt. Die Umströmung von scharfkantigen Körpern gilt als ein klassisches Testbeispiel einer Strömungsart, in dem alle physikalischen Phänomene auftreten (s. Abbildung 2.1). Daß diese Beispiele als Härtetest gelten, zeigt eine Vielzahl experimenteller Arbeiten [3], [21] und numerischer Untersuchungen [38], [39], [54], [29], die für diese Strömungskonfiguration durchgeführt wurden. Zur Validierung des Verfahrens für turbulente Strömungen in dieser Arbeit werden als Vergleichsdaten die experimentellen Daten von Castro&Robins [3] herangezogen. Ihre durchaus gut dokumentierten Ergebnisse gelten in der Literatur als Referenzlösungen.

4.1 Aerodynamische Beiwerte bei der Körperumströmung

Bei der Umströmung eines Körpers werden vom Fluid auf den Körper Kräfte ausgeübt, die sich zu einer Resultierenden zusammenfassen lassen. Die Komponenten der resultierenden Kraft parallel zur ungestörten Anströmrichtung bezeichnet man als den Widerstand (engl.: Drag) in Strömungsrichtung. Für einen quaderförmigen Körper mit der Höhe h gilt:

$$C_D = \frac{1}{h} \iint_{\text{front face}} C_p \, dA - \frac{1}{h} \iint_{\text{rear face}} C_p \, dA \qquad (4.1)$$

Dabei ist C_p der dimensionslose Druckbeiwert:

$$C_p = \frac{2(p-p_\infty)}{\rho\, U(h)^2} \tag{4.2}$$

Eine wichtige charakteristische Kenngröße bei der Körperumströmung ist die dimensionslose Reynoldszahl Re, die als Verhältnis der Trägheitskräfte und der Reibungskräfte des Fluids definiert ist:

$$Re = \frac{U(h)D}{\nu}, \tag{4.3}$$

wobei U(h) die Geschwindigkeit an der Höhe des Körpers darstellt. D ist charakteristische der Strömung beeinflussende Größe (bei Rohrströmung der Rohrdurchmesser). In der Gebäudeaerodynamik wird die Höhe des zu umströmenden Modells h als charakteristischer Durchmesser eingesetzt. Des weiteren ist ν die kinematische Viskosität des Mediums und wird aus dem Verhältnis der dynamischen Viskosität η und der Dichte ρ bestimmt:

$$\nu = \frac{\eta}{\rho} \tag{4.4}$$

Bei runden Körpern hängen die C_p-Verteilungen durch die Ablösung und die Ausbildung des Nachlaufs stark von der Reynoldszahl ab. Als Beispiel bei der Umströmung eines Kreiszylinders verläuft unterhalb der Reynoldszahl von $Re \approx 200$ die Strömung in der freien Scherschicht laminar; bei $Re > 10^4$ ist sie voll turbulent. Den Zwischenbereich von $2.10^2 < Re < 10^4$ bezeichnet man als transitionalen Zustand. Bei kantigen Körpern belegen die experimentellen Untersuchungen, dass der Einfluss der Reynoldszahl auf die Druckverteilung gering ist [48].

Bei der Körperumströmung ist das Geschwindigkeitsprofil ein weiterer Faktor, der die Druckverteilung wesentlich beeinflusst. Bei einem Grenzschichtprofil entstehen vor der Frontfläche querliegende Wirbel (s. Abbildung 2.2), die aber bei konstanter Geschwindigkeitsverteilung nicht auftreten. Auf der Leeseite ist die Druckverteilung bei einem Grenzschichtprofil nahezu konstant und kleiner im Vergleich zu einer gleichförmigen Strömungsverteilung. Die Druckwerte auf dem Dach des Körpers sind beim Grenzschichtprofil etwa um die Hälfte kleiner [48].

4.2 Experimentelle Untersuchungen von Castro & Robins

Die Windkanaluntersuchungen von Castro & Robins beziehen sich auf die Umströmung eines Würfels. Es wurden für zwei unterschiedliche Geschwindigkeitsprofile (s. Abbildung 4.1) die Geschwindigkeits- und Druckverteilung um den Körper ermittelt und deren Einfluss auf die Druckverteilung der Körperoberfläche untersucht.
Die Ergebnisse der experimentellen Vergleichsdaten beziehen sich auf diese Literaturstelle.

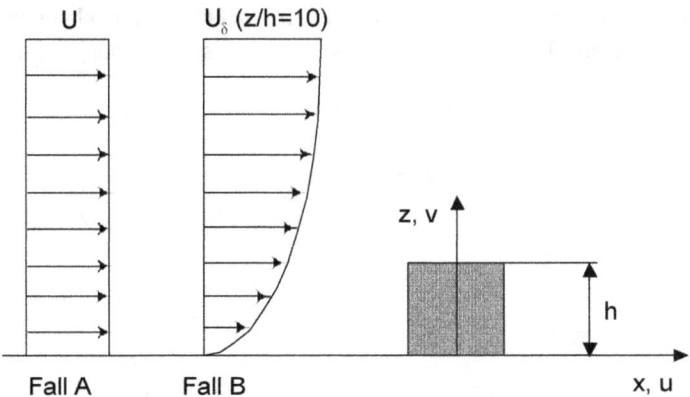

Abbildung 4.1: Schematische Darstellung des untersuchten Umströmung eines Würfels nach Castro & Robins [3]

Die experimentellen Untersuchungen erfolgten unter folgenden Randbedingungen:
Die Reynoldszahl bezogen auf Modellhöhe h beträgt für beide Strömungskonfiguration 10^5. Die Turbulenzintensität für den Fall A ist I=0.5% und für den Fall B I=27%. Die Geschwindigkeitsverteilung für den Fall A ist mit einer kleinen Grenzschichthöhe von $\delta/h=1/40$ durchgeführt worden. Im zweiten Fall beträgt die Geschwindigkeitsverteilung $U(z)=U_{max}(z/\delta)^{0.25}$ bei einer Grenzschichthöhe von $\delta/h=10$.

Einzelheit der Simulation

In der Abbildung 4.2 ist ein vollständiges Strömungsgebiet abgebildet. Da die Strömung zum linken und rechten Rand symmetrisch ist, reduziert sich die Berechnung auf eine Hälfte.

Die Abbildung 4.3 zeigt die Gitteranordnung des Berechnungsraumes. Nach mehreren Testrechnungen wurde die Einlauflänge des numerischen Modells auf eine ca. 3 fache Modellhöhe als kleinste Länge eingestellt. Die Kürzung der Einlauflänge führt zur Einsparung von Rechenzellen und der damit verbundenen Rechenzeit. Die Länge des Gesamtgebiets ist das ca. 18 fache der Körperhöhe, was sich als sinnvoll erwiesen hat.
Die Beurteilung eines Berechnungsverfahren hängt davon ab, ob reproduzierbare Ergebnisse geliefert werden. Hierzu muss die Lösung gittertunabhängig sein, d. h. bei einer Verfeinerung wird sich die Lösung nicht mehr ändern.
Ein weiterer Einfluss auf die Qualität der Rechnung ist das Seitenverhältnis der Zellen. Bei Zellen mit sehr großen Seitenverhältnissen können numerische Fehler bei der Berechnung der Flüsse auftreten [46]. Bei den verwendeten Gittern im Rahmen dieser Arbeit liegt das maximal auftretende Seitenverhältnis bei ca. 35.
Das Auflösen der Wandgrenzschicht ist ein weiterer Faktor, der die Qualität der Berechnung beeinflusst. Das Berechnungsverfahren verwendet das logarithmische Wandgesetz. Der dimensionslose Wandabstand zwischen Wand und erster Zelle (wird im allgemeinen z^+

genannt) sollte im Bereich $10 \leq z^+ \leq 500$ liegen. Die Auswertung mehrerer Testrechnungen ergaben, dass je kleiner der Abstand der ersten Zelle ist, desto besser konvergiert das Verfahren.

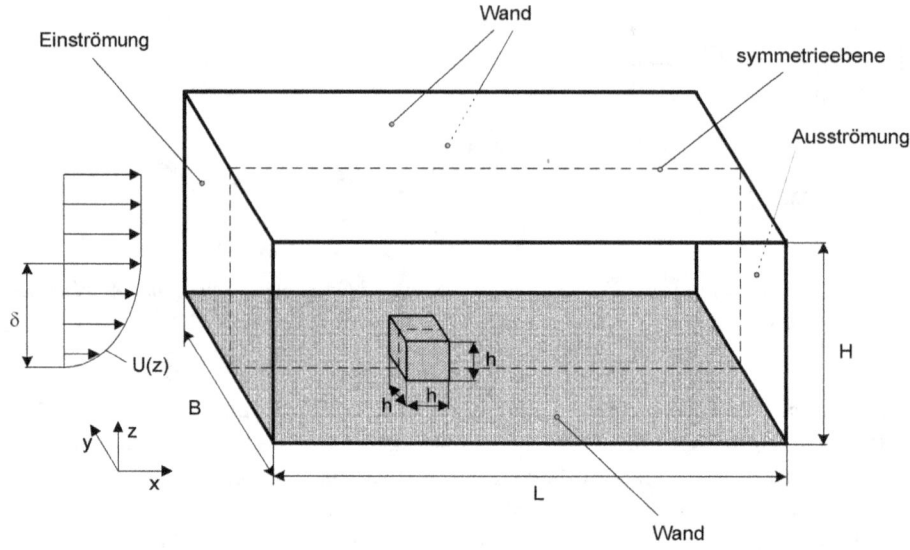

Abbildung 4.2: Randbedingungen der 3-D-Simulation

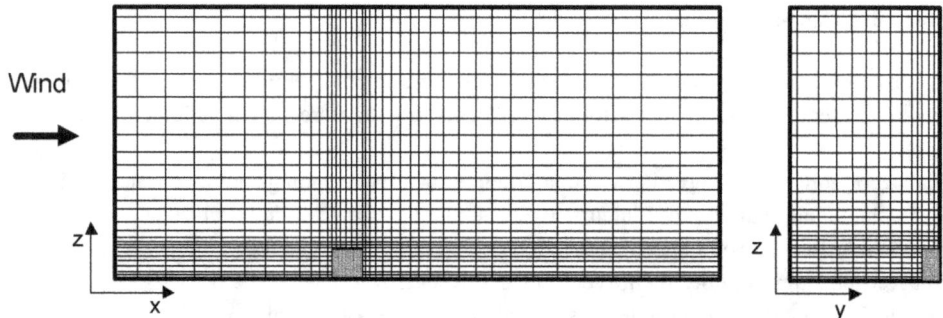

Abbildung 4.3: Berechnungsgitter der 3-D-Simulation

Festlegung der Randbedingungen

Einströmrandbedingung

An Einströmrändern werden die Werte aller transportierten Variablen vorgegeben. Am Eintrittsrand werden die Geschwindigkeitskomponenten und die Turbulenzgrößen vorgegeben. Werte, die nicht aus Messungen bekannt sind, werden abgeschätzt. Für eine dreidimensionale Strömungskonfiguration sind die Geschwindigkeitskomponenten u, v und w für die x-, y- und z-Koordinatenrichtungen zu betrachten. Am Eintritt des Einlaufkanals werden die v- und w-Komponenten der Geschwindigkeit auf null gesetzt. Für die u-Komponente wird ein Geschwindigkeitsprofil vorgegeben. Für alle Geschwindigkeitskomponenten gilt somit:

$$\bar{u} = \bar{u}(z) = \bar{u}(h)\left(\frac{z}{h}\right)^{\alpha}$$

$$\bar{v} = 0$$

$$\bar{w} = 0$$

Das Windprofil α beträgt:

$$\alpha = \begin{cases} 0.15 & \text{Fall A} \\ 0.25 & \text{Fall B} \end{cases}$$

Das Verhältnis der Würfelhöhe zu Grenzschichthöhe beträgt:

$$\frac{\delta}{h} = \begin{cases} 0.025 & \text{Fall A} \\ 10 & \text{Fall B} \end{cases}$$

Für die turbulente kinetische Energie k und deren Dissipationsrate ε müssen ebenfalls geeignete Werte vorgegeben werden. Hierfür dienen die Näherungen, die auf der Annahme einer isotropen Turbulenz am Eintrittsrand basieren. D.h.:

$$\overline{u'^2} = \overline{v'^2} = \overline{w'^2}$$

Für den Turbulenzgrad gilt:

$$I = \frac{\sqrt{\overline{u'^2}}}{\bar{u}}$$

und für die beiden Turbulenzparameter k und ε am Eintrittsrand ergeben sich folgende Werte:

$$k = 1.5\left(I \cdot \bar{u}\right)^2 = \begin{cases} 1.25 \text{ (bei } z = h) & \text{Fall A} \\ 0.1 \text{ (kons}\tan\text{t)} & \text{Fall B} \end{cases}$$

$$\varepsilon = \frac{c_{\mu}^{0.75} k^{1.5}}{0.03\, D}$$

mit dem hydraulischen Durchmesser:

$$D = \frac{4A}{U}$$

wobei A die Querschnittsfläche und U der Umfang der Einströmung ist.

Feste Wände

An den oberen und seitlichen Berandungen des Berechnungsgebiets gilt die Rutschbedingung (free slip), das bedeutet, dass dort die Geschwindigkeitskomponente normal zur Wand zu null werden. Der Gradient der Tangentialgeschwindigkeit, der turbulenten kinetischen Energie k und Dissipation ε wird ebenfalls gleich null gesetzt:

$$\overline{v} = 0, \quad \overline{u}, k, \varepsilon: \frac{\partial}{\partial x} = 0$$

Auf den Oberflächen des Würfels und an den unteren Wänden gilt das logarithmische Wandgesetz.

Ausströmebene

Am Ausströmrand werden die Gradienten der Geschwindigkeitskomponenten u und v, der turbulenten kinetischen Energie k, sowie der Dissipation ε zu null gesetzt:

$$\overline{v}, \overline{u}, k, \varepsilon: \frac{\partial}{\partial x} = 0$$

4.3 Vergleich mit verwendeten Turbulenzmodellen

Die Messergebnisse von Castro & Robins [3] werden im folgenden mit den numerischen Berechnungsergebnissen verglichen. Für diese Studie kamen die k-ε-Modell und MMK-Modell zum Einsatz:

Druckbeiwert

Bei der Umströmung eines Körpers entsteht auf der vorderen Körperoberfläche ein Staupunkt. In diesem Punkt wird die gesamte kinetische Energie des frei anströmenden Fluids vollständig in Druck umgesetzt. D.h. die Geschwindigkeit reduziert sich auf Null. Hier hat der c_p-Wert sein Maximum. Bei einer solchen Körperumströmung befindet sich der Staupunkt üblicherweise im oberen Drittel der angeströmten Fläche. An den vorderen Körperkanten wird die Strömung stark beschleunigt. Dies führt auf den Kanten der Körperoberflächen zu einer sehr starken Druckabnahme. Aus diesem Grund existieren im Anfangsbereich der Körperoberflächen die niedrigsten Druckbeiwerte. An den vorderen Körperkanten kann die beschleunigte Strömung den Körperkonturen nicht mehr folgen. Bei sehr kleinen Krümmungsradien der Stromlinien, die sich ergeben müssten, wenn die Strömung der Kontur folgt, werden die Reibungskräfte sehr groß. Die Strömung schafft sich selbst größere

Krümmungsradien, indem sie an der vorderen Körperkante ablöst. Im Ablösegebiet, auch Totwassergebiet genannt, kommt es zu Rückströmungen und Wirbelbildungen. Im Gebiet hinter dem Ablösepunkt sind die cp-Werte aufgrund des dort existierenden kleinen Druckes, negativ.

Ein Vergleich mit den experimentellen Windkanaluntersuchungen von Castro und Robins [3] behandelt die dimensionslose Druckverteilung auf ausgewählten Linien um den Körper und ist in der Abbildung 4.4 und 4.5 dargestellt.
Bei der turbulenzarmen Strömung, also der kleinen Grenzschichthöhe, liefert das MMK Modell im vorderen Körperbereich eine gute Übereinstimmung, während im oberen und hinterem Körperbereich eine geringe Abweichung zu sehen ist. Die numerischen Ergebnisse mit dem Standard k-ε-Modell zeigen ebenfalls im vorderen und hinteren Körpergebiet zufriedenstellende Ergebnisse. Im oberen Körperbereich aber schneidet das Modell besonders schlecht ab.
Bei der turbulenten Grenzschichtströmung liefert das MMK-Modell wiederum bessere Ergebnisse. Obwohl die Abweichung zu den experimentellen Daten größer geworden ist, ist das MMK-Modell die geeignetere Alternative zum experimentellen Verfahren.
Allerdings ist die richtige Tendenz bei beiden Turbulenzmodellen im vorderen und hinteren Körperbereich erkennbar. Auf dem vorderen Körperoberfläche fällt der Druck und steigt wieder zum Maximalwert im Staupunkt. Aufgrund einer Wirbelbildung im unteren Körperbereich entsteht eine leichte Druckabsenkung. Im Staupunkt erfolgt eine Ablenkung der Strömung zur Seite mit einer Strömungsbeschleunigung, die einen Druckabfall hervorruft. Die untere Wand bremst die Beschleunigung der Strömung, was zu einem Druckanstieg im unteren Körperbereich führt.
Auf der vorderen Körperkante liefert das k-ε-Modell aufgrund der Überproduktion der kinetischen Energie größere Werte (s. Kapitel 2). Das MMK-Modell korrigiert diese Überproduktion und liefert für diesen Bereich bessere Ergebnisse.

Widerstandsbeiwert

Vergleicht man die Widerstandsbeiwerte als integrale Größe der Druckverteilung am untersuchten Körper entlang der gewählten Symmetrielinie (s. Tabelle 4.1), stellt man fest, dass hier wiederum, wenn auch geringfügig, das MMK Modell näher an den experimentellen Daten ist als das k-ε-Modell.

Tabelle 4.1: Widerstandsbeiwerte

Turbulenzmodell	k-ε Modell	MMK-Modell	Experiment
C_D (Fall A)	1.35	1.3	1.26
C_D (Fall B)	1.12	0.83	0.85

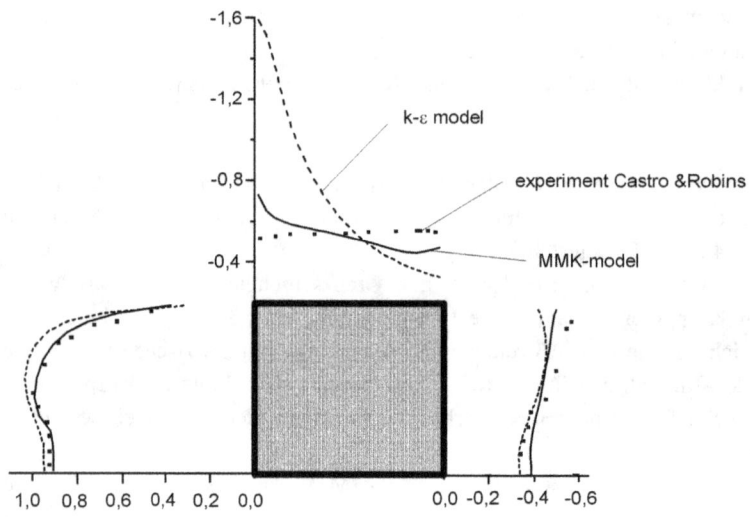

Abbildung 4.4: Vergleich der Cp-Werte bei einer Grenzschichtströmung für $\delta/h=0.025$ (Fall A)

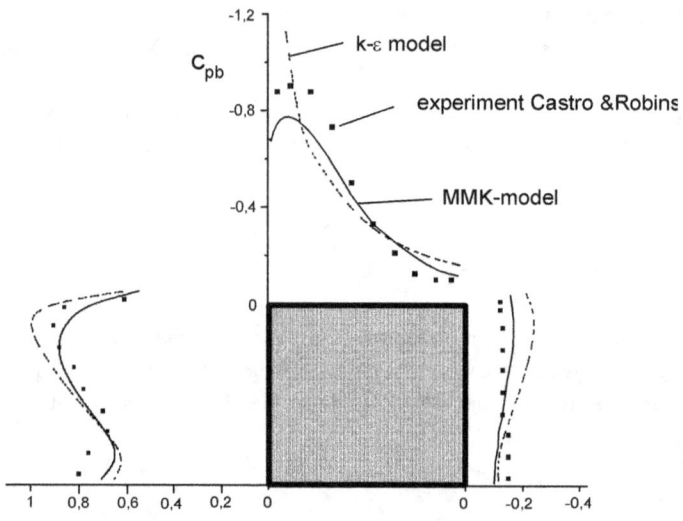

Abbildung 4.5: Vergleich der Cp-Werte bei einer Grenzschichtströmung für $\delta/h=10$ (Fall B)

Schlussfolgerung der Strömungssimulation um scharfkantige Körper mit eingesetzten Turbulenzmodellen

Das nach Murakami, Mochida und Kondo [26] implementierte k-ε Turbulenzmodell ist auf die dreidimensionale Umströmung eines Würfels angewendet und seine Tauglichkeit diskutiert worden. Bezüglich der Leistungsfähigkeit der verwendeten Turbulenzmodelle lassen sich folgende Schlussfolgerungen ziehen:

- Die Wiedergabe der experimentell bestimmten Geschwindigkeitsverteilung um den Würfel ist mit beiden Turbulenzmodellen gleich gut.

- Bei der Vorhersage der Druckverteilung auf der gewählten Linien um den Körper, insbesondere auf dem Dach des Körpers, schneidet das MMK Modell für beide untersuchten Anströmgeschwindigkeitstypen eindeutig besser ab.

- Der aus den Cp-Werten errechnete Widerstandsbeiwert C_D des Körpers wird mit dem MMK folglich besser vohergesagt.

- Die benötigte Rechenzeit mit dem MMK Modell ist bei vergleichbarem Konvergenzverhalten etwa um den Faktor 1,2 größer als mit dem Standard k-ε Modell.

Kapitel 5

5 Herleitung einer Korrekturmethode bei geschlossenen Windkanalmessstrecken

In diesem Kapitel wird zunächst den Einfluss des Versperrungseffektes auf die Umströmung eines schmalen Modells erläutert. Im Weiteren wird ein Verfahren zur Korrektur des Widerstandsbeiwerts vorgestellt. Das Korrekturverfahren wird durch Einführen weiterer Faktoren erweitert. Diese berücksichtigen die geometrische Modelleigenschaften und die physikalischen Eigenschaften der Anströmung. Mit der Vorstellung einer Methode zur Korrektur der Oberflächendrücke wird dieses Kapitel abgeschlossen.

5.1 Strömungsfeld durch Versperrung im Kanal

Im Windkanal soll die Umströmung eines Modells die Nachbildung einer uneingeschränkten Strömung darstellen. In einem ausgedehnten Strömungsfeld strecken sich die Störungen, hervorgerufen durch ein Hindernis, bis ins Unendliche, die aber mit zunehmendem Abstand vom Modell kleiner werden. Durch den endlichen Querschnitt des Luftstrahls wird das Strömungsfeld im Windkanal so verändert, dass die Übertragung der Messergebnisse auf die Originalobjekte mit Einschränkung möglich ist. Je größer das Verhältnis des Modellquerschnitts zu dem Kanalquerschnitts (A_m/A_k) ist, desto mehr weichen die gemessenen Daten von denen eines ungestörten Strömungsfeldes ab. Um diese Störungen zu reduzieren, sollten möglichst kleine Modelle gewählt werden. Um die Wiedergabe von Details am Modell, die Anordnung der Druckmessstellen und die Forderung nach einer möglichst hohen Reynoldszahl zu gewährleisten, darf das Modell allerdings nicht zu klein sein.

In der Abbildung 5.1a und 5.1b wird der Einfluss der Wände durch die Darstellung der Stromlinien um ein Körper für die Flächenverhältnisse des Modells und des Kanals A_m/A_k = 1% und 15% verdeutlicht. Man erkennt, wie sich die Strömung auf das Modell zubewegt und dann nah vor diesem seitlich nach oben abweicht. Das Modell verdrängt das Medium. Wenn die obere Wand weit über dem Körper liegt, verlaufen die Stromlinien ungestört, während bei einer Verschiebung der oberen Kanalwand in Richtung Körper diese zusammengedrängt werden. Das gesamte Strömungsfeld, unter anderem an der Vorderseite, am Dach und an der hintere Seite des Körpers wird dadurch verändert.

In der Abbildung 5.1c ist die dimensionslose Druckverteilung im Strömungsfeld für verschiedene Punkte im Strömungsgebiet für die genannten Versperrungsgrade dargestellt. Der Druckbeiwert ist definiert als:

$$C_p = \frac{p - p_\infty}{0.5 \rho U(h)^2} \tag{5.1}$$

Hierin ist p der Druck in einem Punkt im Strömungsfeld, p_∞ der Umgebungsdruck in der ungestörten Strömung weit vor dem Körper, ρ die Dichte des Mediums und U(h) die Anströmgeschwindigkeit in der Höhe des Körpers.

Weit vor dem Körper (Punkt A) ist der C_p-Wert für beide Versperrungsgrade gleich und liegt bei Null. Er steigt an, je näher die Strömung am Körper ist. Ab einer Länge von etwa 1.2 facher Körperhöhe vor dem Körper (Punkt B) wird der Einfluss des Versperrungsgrads deutlich. Auf der vorderen Körperoberfläche (Punkt C) herrscht einen höherer statischer Druck gegenüber dem Anströmdruck. Im Staupunkt wird die gesamte kinetische Energie in Druck umgesetzt. Üblicherweise befindet sich der Staupunkt bei derartigen Körperumströmungen im oberen Drittel der angeströmten Fläche. Aufgrund der starken Beschleunigung der Strömung auf der vorderen Körperkante herrschen hier die niedrigsten Druckwerte im gesamten Strömungsfeld. Wie die Abbildung 5.1 c zeigt, wird durch die Erhöhung des Versperrungsgrades und dem hervorgerufenen Unterdruck (Punkt D) der Verlauf des Druckbeiwertes in der vorderen Körperfläche beeinflusst. Im Ablösegebiet hinter dem Körper, auch Totwasser- oder Rezirkulationsgebiet genannt, kommt es zu Rückströmungen und Wirbelbildungen. In diesem Gebiet ist der Druck praktisch konstant. Durch die Zunahme der Versperrung erhöht sich in diesem Gebiet der Druckbeiwert (Punkt F und G).

Im folgenden Abschnitt wird zunächst ein Verfahren vorgestellt, mit dem versucht wird, den Widerstandsbeiwert direkt zu korrigieren. Bei einer 2-dimensionalen Strömung ist der Widerstandsbeiwert eines schmalen Körpers definiert als:

$$C_D = \int_0^1 (C_{pf} - C_{pb}) \, d\left(\frac{y}{h}\right) \tag{5.2}$$

Wobei C_{pf} und C_{pb} die Druckbeiwerte auf der Vorder- bzw. Rückseite des Modells mit der Höhe h sind. Da man allerdings nur einen integralen Korrekturwert für den gesamten Körper erhält, ist die Anwendung dieser Methode auf die Korrektur der Druckverteilung nicht geeignet.

Im Kapitel 5.3 wird dann eine weitere Korrekturmethode angegeben, die gestattet, die Druckverteilung auf beliebigen Körperformen zu korrigieren.

Die Korrekturmethoden basieren auf einer physikalischen Modellvorstellung, die als semiempirisch gelten, wobei die Korrekturfaktoren numerisch ermittelt werden.

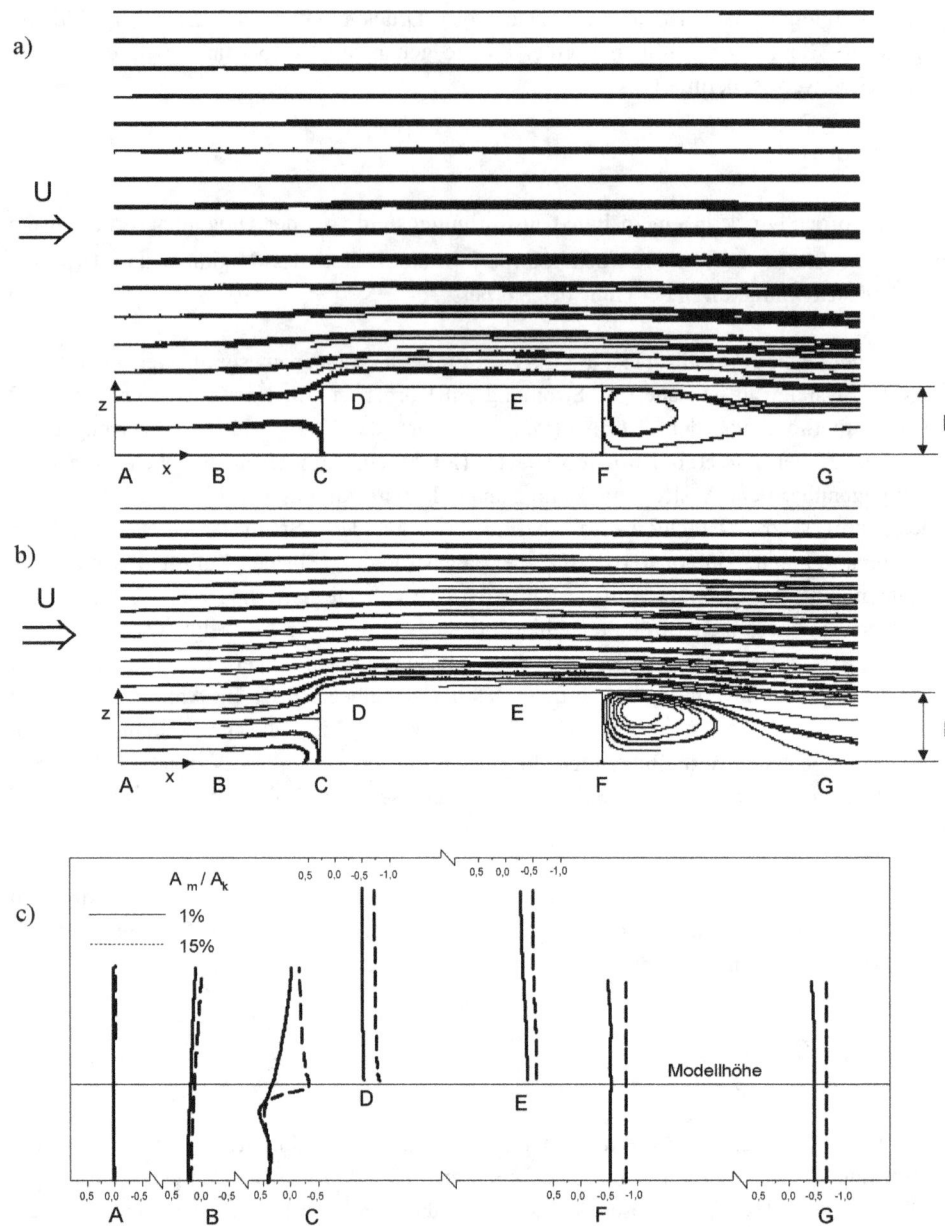

Abbildung 5.1: Einfluss der Versperrungseffekte auf die Umströmung eines Körpers
 a) Versperrungsgrad A_m/A_k =1%
 b) Versperrungsgrad A_m/A_k=15%
 c) Cp-Wert im Kanal für Versperrungsgrad unter a) und b)

5.2 Entwicklung einer Methode zur Korrektur des Widerstandsbeiwertes

Bei der Umströmung eines Körpers wirken vom Fluid auf den Körper Kräfte, die sich zu einer Resultierenden zusammenaddieren. Die Komponente der Resultierenden in Anströmrichtung ist der Widerstand. Um diese Größe zu erfassen, ist die Aufstellung des Impulssatzes erforderlich. Der Impuls basiert auf dem zweiten Newtonschen Grundgesetz. Hiernach steht die Impulsänderung einer mit der Strömung mitbewegten verformbaren Fluidmasse m im Gleichgewicht mit der Summe aller an dieser Masse angreifenden Kräfte. Um den Impulssatz anzuwenden, ist das Gebiet, über das hinsichtlich der Kraftwirkung zwischen dem betrachteten Bereich und dessen Umgebung ausgesagt werden soll, durch einen sogenannten Kontrollraum abzugrenzen. Für diesen Kontrollraum wird zusätzlich eine Massenbilanz aufgestellt. Da die Massenelemente eines Fluids Energieträger sind, wird ebenfalls für den Kontrollraum eine entsprechende Energiebilanz aufgestellt. Damit ist das Gleichungssystem zur Bestimmung des Widerstandsbeiwert geschlossen.

Zur Ableitung der einwirkenden Kräfte auf ein Hindernis wird die Abbildung 5.2 herangezogen. Sie stellt schematisch die zweidimensionale Umströmung einer auf dem Boden postierten Platte dar; bei einer Grenzschichtströmung der Höhe δ an der Stelle 1 und mit einem Geschwindigkeitsprofil mit der größten Totwasserhöhe h_B an der Stelle 2.

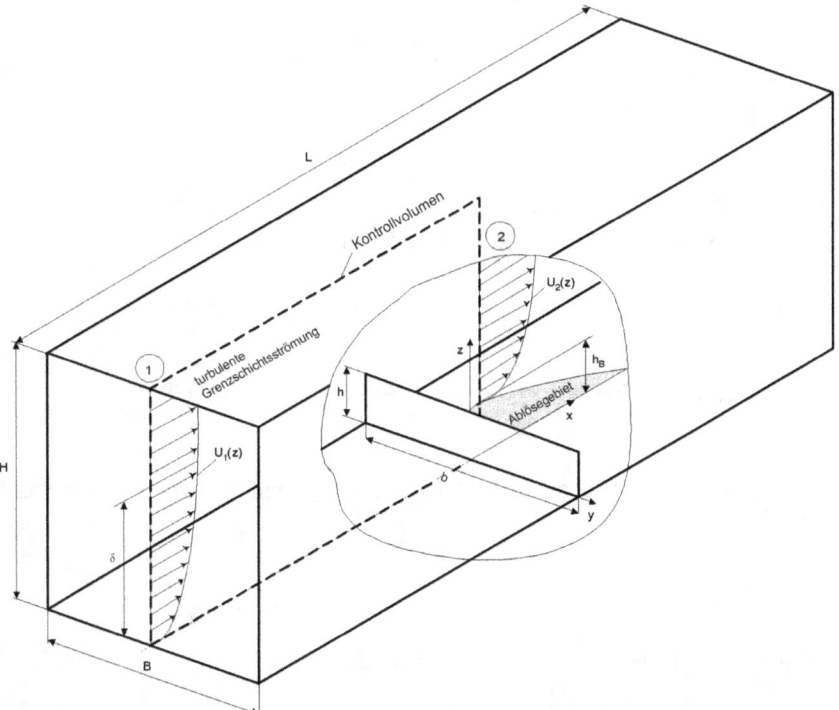

Abbildung 5.2: Umströmung eines 2-dimensionalen Körpers in einer Grenzschichtsströmung

Bei der Aufstellung der Kontinuitäts-, Impuls- und Energiegleichungen werden folgende Annahmen getroffen:

- die Dissipation an den Kanalwänden wird vernachlässigt. Bei einer derartigen Körperumströmung ist der Druckwiderstand dominant.

- das Geschwindigkeitsprofil $U_1(z)$ an der Stelle 1 ist proportional zu dem an der $U_2(z)$ Stelle 2, d.h. $U_1(z) \sim U_2(z)$.

- im Ablösegebiet hinter dem Körper ist die Geschwindigkeit Null. D.h. die strömende Masse befindet sich oberhalb der Ablöselinie, die durch das Geschwindigkeitsprofil $U_2(z)$ beschrieben wird.

- $dp/dz=0$: bei hoher Reynoldszahl, oder bei kleiner Dichte des Mediums ist der Druck quer zur Strömungsrichtung konstant, so dass sich der Druck von der reibungslosen Außenströmung (unter Vernachlässigung der Wandgrenzschicht an der oberen Wand) durch die Grenzschicht bis zur Wand fortsetzt.

Damit lautet für die Kontrollfläche mit dem mittleren Geschwindigkeitsprofil an der Stelle 1 ($U_1(z)$) und dem mittleren Geschwindigkeitsprofil an der Stelle 2 ($U_2(z)$) die

Kontinuitätsgleichung:

$$\iint_A U_1(z)\,dy\,dz = \iint_{A-B} U_2(z)\,dy\,dz \tag{5.3}$$

A steht für die Querschnittsfläche des Kanals und B ist die Fläche des Ablösegebietes an der Stelle der größten Ablösehöhe h_B, $B = B \cdot h_B$. B ist die Breite des Kanals.

Energiegleichung:

$$\iint_A \frac{1}{2}\rho U_1^3(z)\,dy\,dz + \iint_A p_1 U_1(z)\,dy\,dz = \iint_{A-B} \frac{1}{2}\rho U_2^3(z)\,dy\,dz + \iint_{A-B} p_2 U_2(z)\,dy\,dz \tag{5.4}$$

In der Gleichung (5.4) ist ρ die Dichte des Mediums, p_1 und p_2 sind die Drücke an der Stelle 1 bzw. der Stelle 2.

Impulsgleichung:

$$D + p_b B = \iint_A (p_1 + \rho U_1^2(z))\,dy\,dz - \iint_{A-B} (p_2 + \rho U_2^2(z))\,dy\,dz \tag{5.5}$$

In der Impulsgleichung ist D der Widerstand des umströmten Körpers. Im Gebiet hinter dem Ablösepunkt ist der Druck praktisch konstant und wird als Basisdruck p_b bezeichnet.

In den Gleichungen (5.3), (5.4) und (5.5) können alle Integrale der Geschwindigkeitsprofile durch das Produkt aus dem Profilkoeffizient C, der Gradientgeschwindigkeit am Grenzschichtrand U_δ und der Fläche A ersetzt werden:

$$\iint_A U(z)\,dy\,dz = C\,U_\delta\,A \qquad (5.6)$$

Die Geschwindigkeitsverteilung innerhalb der Grenzschicht lautet:

$$U(z) = U_\delta \left(\frac{z}{\delta}\right)^\alpha \qquad (5.7)$$

Darin ist δ die Grenzschichthöhe. α hängt von der Oberflächenrauhigkeit ab ($\alpha=0.12$ für glatte Oberflächen, $\alpha=0.4$ für raue Oberflächen). Nach dem Einsetzen von Gleichung (5.6) in die Gleichungen (5.3) – (5.5) und ihre Kombination ergibt sich:

$$\frac{D}{A_m} + m(p_b - p_1) = m\,q_\delta\,K \qquad (5.8)$$

Hierin ist A_m Stirnfläche des Modells senkrecht zu Anströmrichtung, p_b der Druck im Ablösegebiet hinter dem Körper, m der *wake expansion factor* und ist gleich $m=B/A_m$. Je nach Modellform und Strömungsart liegt der Wert von m zwischen 1.8 und 3.2 [6].

Der dynamische Druck q_δ an der Grenzschichthöhe δ ist definiert als:

$$q_\delta = \frac{1}{2}\rho U_\delta^2 \qquad (5.9)$$

Die Gleichung für die Konstante K lautet:

$$K = R_1 N^3 (1-mf)\left(3C_1 N + C_1^3 m^2 f^2 - C_3\right) + 2R_2 N^2 \left(-2C_1 + mf\,C_1^2 + C_2\right) \qquad (5.10)$$

Mit N=1-mf und f=A_m / A_k, wobei A_k ist die Fläche des Kanals: $A_k = H \cdot B$.

Die Gleichung (5.10) reduziert sich für eine unendlich kleine Modellfläche ($A_m \ll A_w$, $f \to 0$) zu:

$$K_c = R_1\left(3C_1 - C_3\right) + 2R_2\left(-2C_1 + C_2\right) \qquad (5.11)$$

Die Konstanten in den Gleichungen (5.10) und (5.11) hängen von dem Geschwindigkeitsprofil und der Grenzschichthöhe ab und sind in der Tabelle 1 aufgelistet.

Tabelle 5.1: Berechnung der Konstanten der Gleichung (5.10) bzw.(5.11)

	H≥ δ ≥ h	δ < h
C_1	$a^{\alpha}/1+b$	$1+\alpha(1-1/\alpha)/1+b$
C_2	$a^{2\alpha}/1+2b$	$1+2\alpha(1-1/\alpha)/1+2b$
C_3	$a^{3\alpha}/1+3b$	$1+3\alpha(1-1/\alpha)/1+3b$
R_1	$(1+2b)/(1+2\alpha)$	$(1+2b)/(1+2\alpha)$
R_2	$(1+3b)(1+\alpha)/(1+b)(1+3\alpha)$	$(1+3b)(1+\alpha)/(1+b)(1+3\alpha)$
	mit $a = h_B/\delta$ und $b = \alpha(1-\delta/H)$	

Bestimmung des Referenzdrucks

Zur Bestimmung des Referenzdrucks wird die Bernoulli-Gleichung angewendet. Man denke sich dazu einen Stromfaden, der sich im Staupunkt aufspaltet und die Oberfläche des Körpers umfließt. Durch Aufstellung des Energiesatzes zwischen der ungestörten Strömung (Position 0) und dem Staupunkt (Position s) ergibt sich:

$$q_0 = \frac{1}{2}\rho U_0^2 = p_s - p_1 \tag{5.12}$$

Wobei U_0 die Geschwindigkeit an der Höhe von Staupunkt ist und p_1 der Druck an dieser Stelle. Bei einer gleichförmigen Anströmung beträgt der Druckbeiwert im Staupunkt $C_p=1$. Im Falle des Grenzschichtprofiles liegt der Staupunkt üblicherweise bei den quaderförmigen Körpern im oberen Drittel der angeströmten Fläche. Daher muss q_0 ermittelt werden.

Bestimmung des Korrekturfaktors ψ

Der Korrekturfaktor für den Widerstand lautet:

$$\psi = \frac{D}{D_c} \tag{5.13}$$

Und für den Druck:

$$\psi = \frac{q_0 - (p_b - p_1)}{q_0 - (p_{bc} - p_1)} \tag{5.14}$$

Der Index c in den Gleichungen (5.13) und (5.14) steht für das Wort „corrected".

Herleitung einer Korrekturmethode bei geschlossenen Windkanalmessstrecken Kapitel 5

Aus der Gleichung (5.8) folgt für eine unendlich kleine Modellfläche $A_m/A_k \to 0$:

$$\frac{1}{\psi}\left\{\frac{D}{A_m} - m[q_0 - (pb - p_1)]\right\} + m q_0 = m q_\delta K_c \tag{5.15}$$

Durch Gleichsetzen der Gleichungen (5.8) und (5.15) ergibt sich für den Korrekturfaktor ψ:

$$\psi = \frac{1 - (q_\delta/q_0) K}{1 - (q_\delta/q_0) K_c} = 1 + \frac{q_\delta/q_0 (K_c - K)}{1 - q_\delta/q_0 K_c} = \frac{C_D}{C_{Dc}} \tag{5.16}$$

Nimmt man eine konstante Anströmung, so gilt:

$q_\delta / q_0 = 1$
$K_c = 0$
$K = \dfrac{-m A_m / A_k}{1 - m A_m / A_k}$

eingesetzt in Gleichung (5.16) folgt die Korrekturformel:

$$\psi = \frac{1}{1 - m A_m / A_k}$$

die identisch ist mit der Korrekturformel nach Maskell (s. Gleichung 1.7)

Beim Bekanntsein der Drücke kann der Betrag für K iterativ gelöst werden. Aus der Gleichung (5.7) folgt:

$$C_D + m C_{pb} = m \frac{q_\delta}{q_0} K \tag{5.17}$$

Und für $A_m/A_k \to 0$ ergibt sich aus (5.17)

$$C_{Dc} + m C_{pbc} = m \frac{q_\delta}{q_0} K_c \tag{5.18}$$

Eine iterative Lösung für K kann wie folgt durchgeführt werden:

$$m_n = \frac{C_{Dc}}{q_\delta / q_0 K(m_{n-1}) - C_{pbc}} \tag{5.19}$$

Wobei m_n die n-te Approximation für m ist.

Die Korrekturformel (5.16) wurde in der bisherigen Betrachtung nur für zweidimensional umströmte Körper hergeleitet. Darin sind der Einfluss der Grenzschichthöhe und des Windprofils α erfasst worden. Um den Einfluss der einzelnen Parameter zu verdeutlichen, wird die Gleichung (5.16) in einer einfacheren Form (nach Maskell) wie folgt dargestellt.

$$\Psi = \frac{C_D}{C_{Dc}} = \frac{1-C_{pb}}{1-C_{pbc}} = 1 + K_D \; C_D \frac{A_m}{A_k} \qquad (5.20)$$

Damit erweitert sich die Gleichung für den Korrekturfaktor (1.18) für eine auf dem Boden positionierte Platte zu:

$$K_D = \varepsilon \; \xi(\delta/h) \; \gamma(\alpha) \qquad (5.21)$$

Wobei $\varepsilon = -1/C_{pbc}$. Die neuen Größen $\xi(\delta/h)$ und $\gamma(\alpha)$ werden direkt über die Gleichungen (5.14) bis (5.16) bestimmt.

Weitere Einflussparameter wie das Längenverhältnis des Körpers in Strömungsrichtung, die Reynoldszahl sowie der Turbulenzgrad müssen als weitere empirische Größen in der Korrekturformel (5.21) berücksichtigt werden. Diese wird entweder aus den Erkenntnissen aus der Literatur oder im Rahmen der Parameterstudien (s. Kapitel 6) bestimmt.

5.3 Entwicklung einer Methode zur Korrektur der Druckverteilung

Zur Herleitung eines Korrekturverfahrens für die Druckverteilung eines Körpers in einer Grenzschichtströmung wird die Methode von Mercker [25] zugrunde gelegt. Die Abbildung 5.3 stellt schematisch die zweidimensionale Umströmung eines quaderförmigen Körpers dar, der von einer Grenzschichtströmung angeströmt wird. Für ein ausgedehntes Strömungsfeld, in dem die Wand weit über dem Körper liegt, existiert die ungestörte Anströmung mit der Gradientgeschwindigkeit $U_{1\delta}(z=H)$ und dem ungestörten statischen Druck p_1. Die Wand beeinflusst in diesem Fall das Strömungsfeld um den Körper nicht. Bei einer Vergrößerung des Modellquerschnitts (Höhe h_2) werden die Stromlinien zusammengedrängt, wodurch eine Druckänderung an der Stelle z=H verursacht wird (s. Abbildung 5.3).

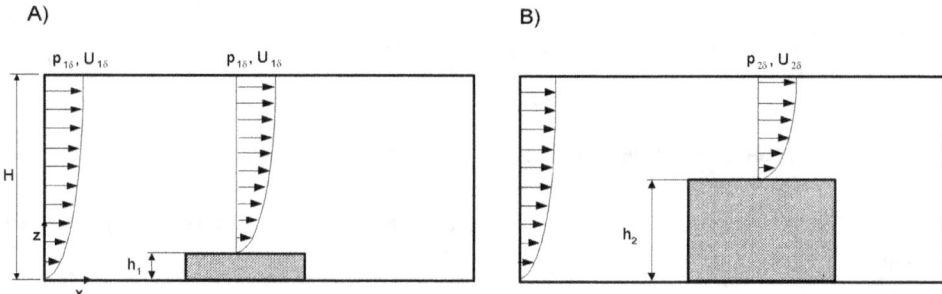

Abbildung 5.3: Anströmung eines Quaders durch U(z) für zwei verschiedene Modellhöhen

Mit der Energiegleichung lässt sich für den Querschnitt 1 folgender Zusammenhang darstellen:

$$E_1(z_1) = \iint_{A_1} \frac{1}{2}\rho\, U_1^3(z)\, dy\, dz + \iint_{A_1} p_1\, U_1(z)\, dy\, dz \tag{5.22}$$

und für den Querschnitt 2:

$$E_2(z_2) = \iint_{A_2} \frac{1}{2}\rho\, U_2^3(z)\, dy\, dz + \iint_{A_2} p_2\, U_2(z)\, dy\, dz \tag{5.23}$$

Unter der Annahme, dass die Anströmparameter konstant bleiben, ist die Energieverteilung über dem betrachteten Querschnitt identisch, d.h. $E_1(z_1)=E_2(z_2)$. Außerdem gilt für die Querschnittsfläche 1 $A_k>>A_m$, d.h $A_k=A_1$, und für die Querschnittsfläche 2 ist $A_2=A_k-A_m$. Aufgrund der kleinen Dichte des Mediums wird angenommen, dass der Druck quer zur Strömungsrichtung in der Grenzschicht bis zur Wandnähe konstant ist (dp/dz=0). Aus der Kombination der Gleichungen (5.6), (5.7), (5.22) und (5.23) ergibt sich folgende Beziehung:

$$\frac{p_1-p_2}{q_{\delta 1}} = R_{22}\left[\frac{1-C_{33}\,f}{(1-C_{11}\,f)^3} - 1\right] \tag{5.24}$$

mit $q_{\delta 1} = 0.5 \rho U_{1\delta}^2$, wobei $U_{1\delta}$ der Gradientgeschwindigkeit am Grenzschichtrand ist. C_{11}, C_{33} und R_{22} sind Konstanten und in der Tabelle 5.2 dargestellt, f ist das Flächenverhältnis des Modells zu dem Kanal, A_m/A_k.

Aus der Kontinuitätsbedingung zwischen dem Querschnitt 1 und 2 folgt:

$$\frac{U_{1\delta}}{U_{2\delta}} = 1 - C_{11} f \tag{5.25}$$

Bei einer gleichförmigen Strömung ($U_{1\delta}=U_1$, $U_{2\delta}=U_2$, und $q_\infty = 0.5 \rho U_1^2$) sind alle Konstanten gleich eins und es folgt aus der Gleichung (5.24):

$$\frac{p_1 - p_2}{q_\infty} = \left[\left(\frac{U_2}{U_1}\right)^2 - 1 \right] \tag{5.26}$$

die identisch mit Korrekturformel von Mercker[25] ist. (s. Gleichung 1.20).

Durch Einführung der Beziehung für den Gesamtdruck $P_G = p_1 + 0.5 \rho U_{1\delta}^2$ folgt aus der Gleichung (5.24)

$$\frac{P_G - p_2}{P_G - p_1} = R_{22} \left[\frac{1 - C_{33} f}{(1 - C_{11} f)^3} - \frac{1 - R_{22}}{R_{22}} \right] \tag{5.27}$$

Für ein unendlich ausgedehntes Strömungsfeld ist f=0 und R_{22}=1. Damit folgt aus der Gleichung (5.24):

$$1 - C_{pe} = R_{22} = 1 \tag{5.28}$$

Für die Strömung mit Versperrungseinfluss ergibt sich dann:

$$1 - C_p = R_{22} \left[\frac{1 - C_{33} f}{(1 - C_{11} f)^3} - \frac{1 - R_{22}}{R_{22}} \right] \tag{5.29}$$

Die Kombination der Gleichungen (5.27) bis (5.29) ergibt:

$$\frac{1 - C_p}{1 - C_{pe}} = \frac{P_G - p_2}{P_G - p_1} \tag{5.30}$$

Damit beschreibt die rechte Seite der Gleichung (5.30) den Korrekturfaktor n:

$$n = \frac{P_G - p_2}{P_G - p_1} \qquad (5.31)$$

Der Faktor n berechnet sich als das Verhältnis des Differenzdrucks zwischen Gesamtdruck der Strömung P_G und statischem Wanddruck an der betrachteten Position zu dem Differenzdruck zwischen Gesamtdruck und statischem Druck der ungestörten Anströmung. Die betrachtete Position befindet sich hierbei senkrecht zur Anströmung an der Wand gegenüber der zu untersuchenden Stelle am Körper.

Tabelle 5.2: Berechnung der Konstanten der Gleichung (5.26)

	$H \geq \delta \geq h$	$\delta < h$
C_{11}	$a^\alpha / 1 + b$	$1 + \alpha(1 - 1/\alpha)/1 + b$
C_{33}	$a^{3\alpha} / 1 + 3b$	$1 + 3\alpha(1 - 1/\alpha)/1 + 3b$
R_{22}	$(1+3b)(1+\alpha)/(1+b)(1+3\alpha)$	$(1+3b)(1+\alpha)/(1+b)(1+3\alpha)$
	Mit $a = h/\delta$ und $b = \alpha(1 - \delta/H)$	

Der Korrekturfaktor n lässt sich durch Umstellung der Gleichung (5.30) für jede beliebige Stelle auf der Oberfläche des Körpers bestimmen. Somit lautet die Korrekturformel für den Druckbeiwert:

$$C_{pc}(x) = \frac{C_p(x)}{n(x)} + \frac{n(x) - 1}{n(x)} \qquad (5.32)$$

Mit

$$C_p(x) = \frac{p(x) - p_1}{0.5 \rho U_1^2(h)} \qquad (5.33)$$

Darin ist p(x) der Druck am Modellkörper.

Aus der Gleichung (5.27) geht hervor, dass sich der Korrekturfaktor auch über Geschwindigkeitsprofile ermitteln lässt. Im oberen Grenzschichtsrand wird die Geschwindigkeit durch Haftung an der Kanalwand bis auf Null abgebremst. Es ist jedoch problematisch den Grenzschichtsrand eindeutig zu ermitteln. Eine Druckmessung an der gesuchten Stelle wäre hier viel einfacher.

Bei einer gleichförmigen Anströmung würde die Abnahme des Druckes an der oberen Kanalwand, p_2, gleichzeitig die lineare Verkleinerung des Wanddruckes, p(x), an der Modelloberfläche bedeuten. Bei einer Grenzschichtsströmung ergibt sich diese lineare Veränderung aber nicht. Zu diesem Zweck wurde die Druckverteilung zwischen zweidimensional umströmten quaderförmigen Modellen unterschiedlicher Versperrungsgrade an der Kanal- und Modellwand untersucht. Es wurde für 6 verschiedene Grenzschichthöhen δ/h = 0.5, 1, 3, 5, 10 und δ=H Simulationen durchgeführt und die Druckverteilung für verschiedene Punkte (x/l=0.1, 0.2, 0.5, 0.7, 0.95) auf der Körperoberfläche analysiert. Bei allen Rechnungen wurde auf der Körperoberfläche ein logarithmisches Wandgesetz mit einer Rauhigkeitslänge von 0.0002h festgelegt. Numerische Voruntersuchungen haben gezeigt, dass es keine signifikanten Änderungen gibt, wenn die Modelloberfläche als glatt definiert wird. Die Abbildung 5.4 zeigt das Ergebniss dieser numerischen Simulation.

In der Korrekturformel (5.31) wird daher p_2 ersetzt durch:

$$p_2 = p_{2\delta} / K_p \qquad (5.34)$$

Darin ist $p_{2\delta}$ der Druck an der oberen Wand. Der Faktor K_p hängt hierbei von dem Grenzschichtscharakter ab. Für eine gleichförmige Anströmung ist K_p=1. Für Grenzschichthöhen bis δ/h=8 steigt der Faktor Kp an und ab ca. δ/h>10 nimmt er den Wert 2 an. Für δ/h<0.1 kann $p_{2\delta}=p_2$ gesetzt werden (die Werte für K_p liegen für diesen Bereich zwischen 1.02 und 1.07). Für diese Strömungskonfiguration ergaben die experimentellen Untersuchungen von Mercker [25] bei Versperrungsgraden von bis zu 12% gute Ergebnisse.

Der Druckfaktor K_p hängt nicht nur von der Grenzschichthöhe ab, sondern u. U. auch vom Turbulenzgrad, da diese Größe die Druckverteilung und Verschiebung des Wiederanlegungspunkts beeinflusst. Die Variation dieser Größe wurde im Rahmen dieser Arbeit nicht untersucht. Im nächsten Kapitel wird ausführlicher auf diese Problematik eingegangen.

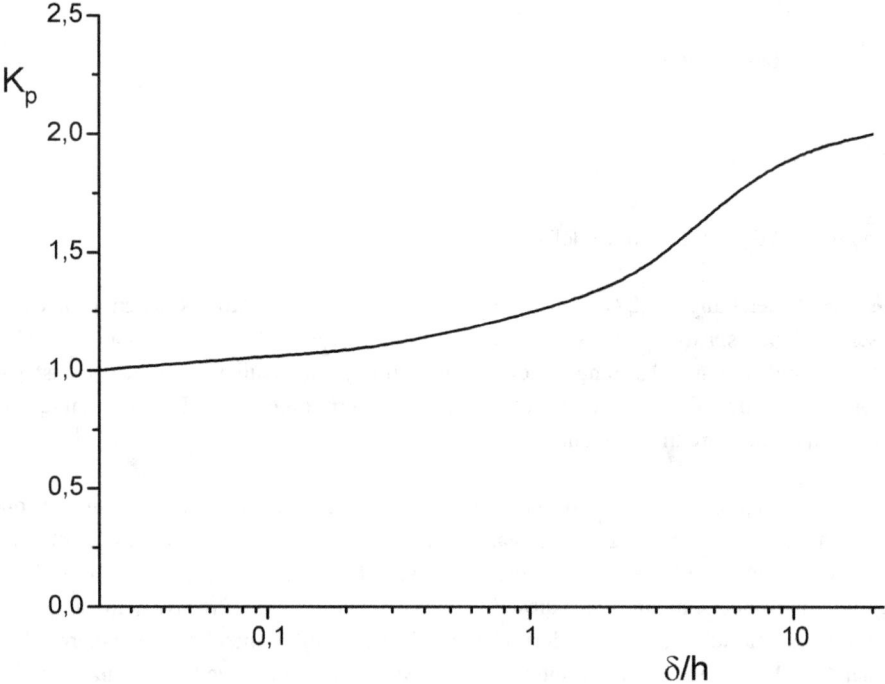

Abbildung 5.4: Kp-Verlauf über die Grenzschichthöhe δ/h

Kapitel 6

6 Anwendung und Validierung der Methode zur Versperrungskorrektur

Im Rahmen dieser Arbeit wird der Einfluss der Wände auf die umströmten Modelle untersucht. Auf der Basis der Litarturrecherche (Kapitel 1) und des theoretischen und numerischen Modells (Kapitel 2) erfolgt in diesem Kapitel die Variation der wichtigsten Geometrieparameter. Grundlage des verwendeten Programmbausteins ist das Softwarepaket CFX-4.2 von AEA. Hier wird zur Turbulenzmodellierung das modifizierte k-ε Modell nach Murakami, Mochida und Kotia (MMK Modell) eingesetzt.

In der Gebäudeaerodynamik gelten scharfkantige, stumpfe Körper als typische Modellformen. Es sind zum einen Körper, die hinter der Ablösefront nur wenig in das eigene Rezirkulationsgebiet reichen (wie z. B. Körper mit gewölbter Rückseite) zum anderen die Körper, die hinter der Ablösefront weit in das eigene Ablösegebiet reichen und damit die Nachlaufstruktur beeinflussen (recheckige, scharfkantige Körper). Je nach Längenverhältnis kann es dann zum Wiederanlegen der Strömung und erneuter Ablösung am Ende des Körpers kommen. Die in Kapitel 5 dargestellte Korrekturmethode wird auf scharfkantige, stumpfe Körper, bei denen Strömungsablösungen und ein großes Nachlaufgebiet zu erwarten sind, überprüft. Es werden zunächst zweidimensional umströmte Modelle untersucht. Darauffolgend werden dreidimensionale Simulationen durchgeführt.

Bei der Umströmung der Modelle wird zunächst gezeigt, welche Größen den Druck- bzw. Widerstandsbeiwert bei niedrigem Versperrungseffekt (A_m/A_k <1%) beeinflussen. Die Parameterstudien sollen Aufschluss über die Tendenzen der errechneten Druck- bzw. Widerstandsbeiwerte geben.

6.1 Korrektur zweidimensional umströmter Modelle

6.1.1 Modellgeometrie

In der Abbildung 6.1 ist die Berechnungsgeometrie mit den geometrischen Parametern abgebildet. Auf den Berandungen des Rechengebietes werden für alle untersuchten Konfigurationen folgende Randbedingungstypen eingestellt:

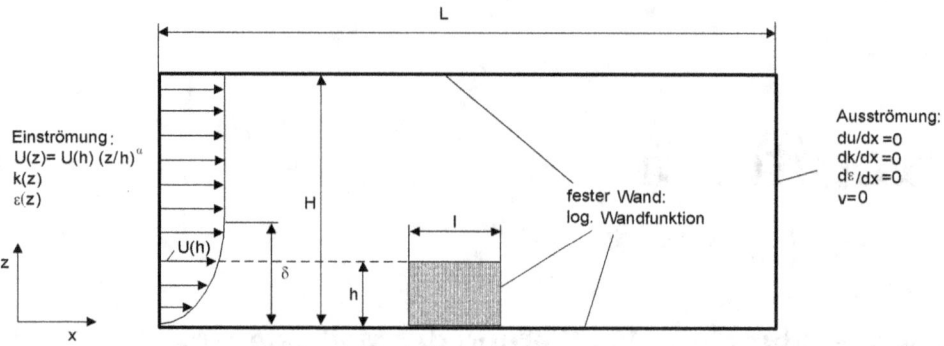

Abbildung 6.1: Modellgeometrie des Strömungsfeldes mit den charakteristischen Geometrieparametern und den Randbedingungen

Einströmrand: Entlang der Ränder müssen alle Werte vorgegeben werden. Die Werte für die horizontale Geschwindigkeit U(z) werden nach dem Potenzgesetz definiert:

$$U(z) = U(h) \cdot (z/h)^\alpha.$$

Alle anderen Geschwindigkeitskomponenten werden zu Null gesetzt. Die beiden Turbulenzparameter, die turbulente kinetische Energie k und deren Dissipation müssen ebenfalls als spezielle Randwerte vorgegeben werden. Da für die einzelnen Reynolds-Spannungskomponenten genaue Informationen fehlen, wird am Einströmrand isotrope Turbulenz angenommen, d.h.:

$$\overline{u'^2} = \overline{v'^2}, \quad \overline{u'v'} = 0$$

und für die Turbulenz gilt:

$$Tu = \sqrt{\frac{\overline{u'^2}}{\overline{U(z)}}}$$

Je nach Strömungsart beträgt Tu 0.01 – 0.2

Die Turbulenzparameter k und ε werden wie folgt bestimmt:

$$k(z) = \frac{3}{2}(Tu \cdot \overline{U})^2$$

$$\varepsilon = \frac{k^{1.5}}{0.3 D_{hyd}}$$

mit dem hydraulischen Durchmesser:

$$D_{hyd} = \frac{4A}{U}$$

wobei $D_{hyd} = 2H$ bei unendlicher Kanalbreite.

Feste Wände: An allen festen Wänden wird das logarithmische Wandgesetz [16] verwendet. Dies setzt voraus, dass der erste Feldpunkt im vollturbulenten Bereich der Strömung liegt. Das geschieht, wenn der dimensionslose Wandabstand $z^+ > 11.63$ ist. Als Obergrenze für den z^+-Wert des ersten Feld werden Werte zwischen 300 und 600 angegeben. In den folgenden Simulationen lagen die z^+-Werte an allen Wänden zwischen 30 und 120. Nur so konvergierten die Berechnungen am besten.

Ausströmrand: Am Kanalaustritt werden die Gradienten der Geschwindigkeitskomponente u, der turbulenten kinetischen Energie k, sowie die Dissipation e zu Null gesetzt. Desweiteren wird angenommen, dass die Geschwindigkeitskomponente v den wert Null hat:

$$\bar{v} = 0, \quad \bar{u}, k, \varepsilon: \frac{\partial}{\partial x} = 0$$

Diese Randbedingungen können nur dann eingesetzt werden, wenn in Hauptströmrichtung kein nennenswerten Gradienten eintreten. Alternativ kann am Ausströmrand der Druck vorgegeben werden. Die Geschwindigkeiten ergeben sich dann aus der Druckkorrekturgleichungen [46].

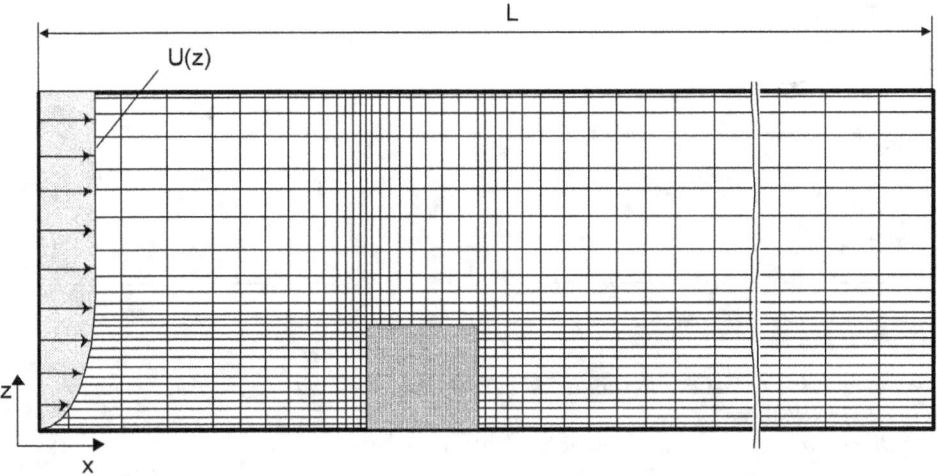

Abbildung 6.2: Typisches Berechnungsgitter der 2-D-Simulationen am Beispiel der Konfiguration mit A_m/A_k =20%, l/h=1; 110×75 Gitterpunkte (jedes 3. Gitter ist dargestellt), Auflösung um Quader: 30×40 äquidistante Gitterpunkte.

Die verwendeten Berechnungsgitter werden am Beispiel des Versperrungsgrades A_m/A_k=20% gezeigt, vgl. Abbildung 6.2. Die Berechnung für diese Geometrie werden auf drei äquidistanten verfeinerten Gitter durchgeführt, die aus 140×120 Kontrollvolumen bestehen. Die Anzahl der Gitter wurde solange vergrößert, bis keine Änderung der Ergebnisse festgestellt wurde. Um den zu untersuchenden Modell wurden sehr kleine Gitteranordnungen gewählt, da hier die gravierenden Strömungseffekte zu erwarten sind.

6.2 Variation der Einflussparameter

6.2.1 Einfluss der Reynoldszahl

Einzelheiten der Berechnung:
Für alle Konfigurationen dieses Kapitals bleiben Windprofil α=0.2, Grenzschichthöhe δ/h=3, Modellänge l/h=0.1 und Versperrungsgrad A_m/A_k (<1%) konstant. Die Untersuchung des Re-Einflusses erfolgt anhand der sieben Geschwindigkeiten: U(h)=7.5, 8.25, 9, 9.75, 10.5, 12.75 und 15 m/s.
Die Abbildung 6.3 zeigt, dass der Widerstandsbeiwert C_D und der Druckbeiwert des Ablösegebietes sehr geringfügig in den betrachteten Intervallen von der Reynoldszahl abhängen. Bei der Umströmung scharfkantiger Körper sind die Ablösungspunkte fest, bei denen die Strömung immer ablöst. Dies führt auf die Unabhängigkeit der Strömung in einem weiten Bereich von der Reynoldszahl [48].

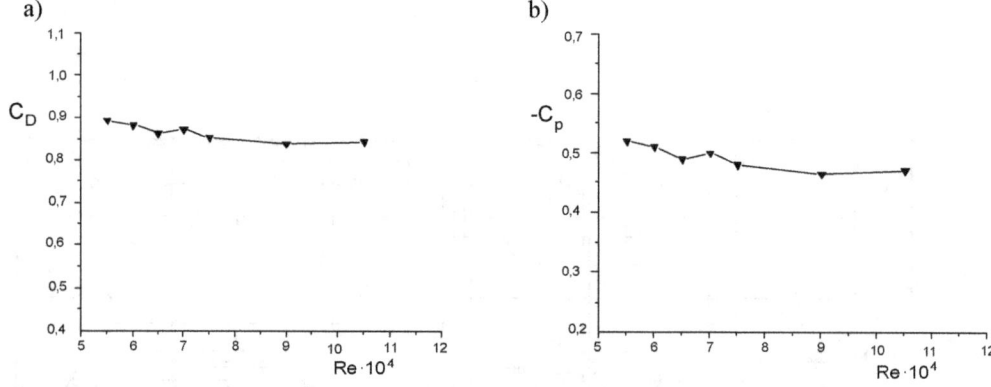

Abbildung 6.3: Einfluss der Reynoldszahl bei der Umströmung einer dünnwandigen Platte,
a) Widerstandsbeiwert,
b) mittlerer Druckbeiwert im Ablösegebiet hinter dem Körper

6.2.2 Einfluss der Längenverhältnis l/h

Einzelheiten der Berechnung:
In diesem Kapitel wird die Variation des Längenverhältnisses für 9 verschiedene Werte durchgeführt; für die Längen: l/h=0.01, 0.2, 0.5, 0.8, 1, 1.5, 2, 3, 4. Konstant bleibt hier die Grenzschichthöhe $\delta/h=3$, das Windprofil $\alpha=0.2$, $Re = 1\cdot 10^5$ und das Flächenverhältnis $A_m/A_k=1\%$. Das Ergebnis dieser Parameterstudie verdeutlicht die Abbildung 6.4.

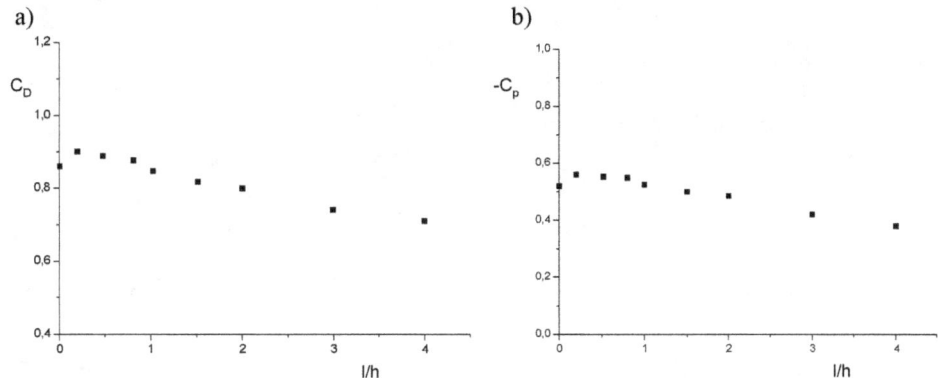

Abbildung 6.4: Einfluss des Seitenverhältnisses auf den
a) Widerstandsbeiwert,
b) Druckbeiwert im Ablösegebiet hinter dem Körper

Die Charakteristik des Nachlaufs, wie z.B. Totwasserdruckbeiwert, Wirbelfläche und Krümmung der Ablöseschicht, ist abhängig von den Abmessungen des Körpers. Für bestimmte Längenverhältnisse l/h der Modelle kann es zum Wideranlegen der Strömung kommen. Es entsteht eine geschlossene Ablöseblase. Bei den Körpern mit stumpfer Rückseite erfolgt eine weitere Ablösung, die die Bildung des eigentlichen Totwassers verursacht. Awbi [1] untersuchte senkrecht angeströmte Quader und stellte fest, dass die abgelöste Strömung an der Vorderseite bei einem Längenverhältnis von l/h=3-4 wieder anliegt. Für l/h=0.6 kam er außerdem zum Ergebnis, dass der Widerstandsbeiwert um ca 30% gegenüber einer dünnen Platte steigt.
Die numerischen Untersuchungen zeigten im Rahmen dieser Arbeit ein ähnliches Verhalten, wie die Abbildung 6.4 zeigt, wobei der max. Totwasserdruckbeiwert bei einem Längenverhältnis l/h zwischen 0.3 und 0.8 liegt.

6.2.3 Einfluss des Windprofils α

Einzelheiten der Berechnung:
Anhand 8 verschiedener Simulationen wird diese Fallstudie durchgeführt: $\alpha=0$ (gleichförmige Strömung), 0.02, 0.05, 0.08, 0.15, 0.2, 0.3 und 0.4. Die Geschwindigkeit U(h)=10 m/s, Grenzschichthöhe $\delta/h=5$ und l/h=0.1 sind bei allen Simulationen konstant. Die unterschiedlichen Grenzschichtprofile sind mit den aerodynamischen Rauhigkeiten verbunden. Als Parameter zur Beschreibung des Grenzschichtprofiles wird dabei das

Verhältnis der Modellhöhe h und Rauhigkeit z_0, h/z_0, verwendet. Ein höherer z_0-Wert bedeutet eine größere Turbulenz, die ein Wiederanlegen der Strömung begünstigt. Für eine Anströmung mit konstanter Geschwindigkeit beträgt der Wert von $h/z_0 = \infty$. Die Rechenstudie, dargestellt in der Abbildung 6.5, zeigt, dass die Ergebnisse für eine gleichförmige Anströmung sich stark von denen mit Grenzschichtprofil unterscheiden. Besonders sinkt der Basisdruck (C_{pb}) mit zunehmender Grenzschichtprofil α.

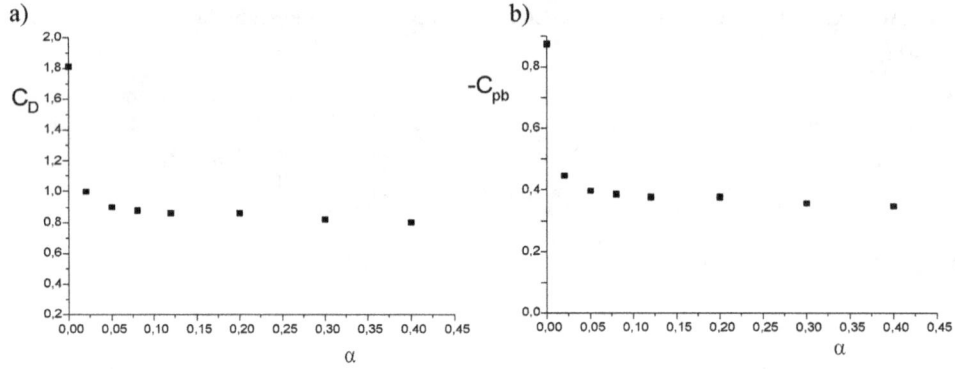

Abbildung 6.5: Einfluss des Windprofils α auf den
a) Widerstandsbeiwert,
b) Druckbeiwert im Ablösegebiet hinter dem Körper

6.2.4 Einfluss der Grenzschichthöhe

Einzelheiten der Berechnung

Für alle Konfigurationen dieses Kapitels bleibt der $Re = 1 \cdot 10^5$, $l/h = 0.1$, $\alpha = 0.2$ konstant. Der Versperrungsgrad beträgt bei allen Simulationen $A_m/A_k < 1.5\%$. Die numerischen Untersuchungen zeigen, dass die Grenzschichthöhe den Druck- und Widerstandsbeiwert bei $\delta/h < 5$ stark beeinflusst. Wie die Abbildung 6.6 zeigt, fällt der Widerstandsbeiwert mit steigender Grenzschichthöhe.

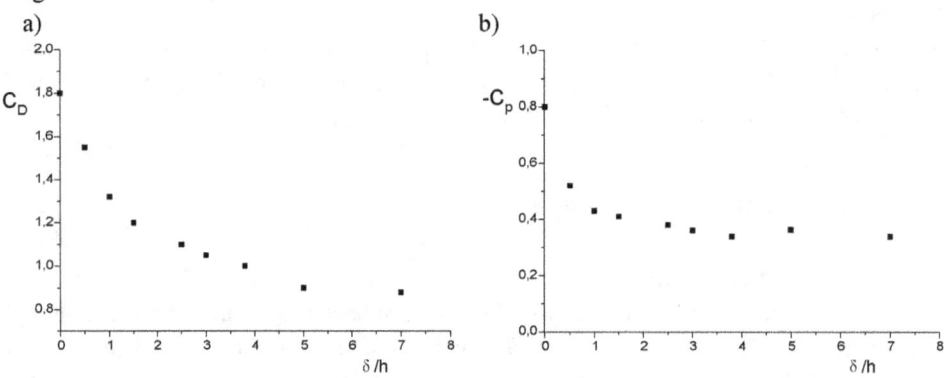

Abbildung 6.6: Einfluss der Grenzschichthöhe δ/h auf den
a) Widerstandsbeiwert,
b) Druckbeiwert im Ablösegebiet hinter dem Körper

6.2.5 Einfluss der Turbulenz

Die Turbulenz verursacht nicht nur zeitliche Druckschwankungen, sondern sie beeinflussen auch die zeitlichen Mittelwerte des Druckes. Bei dem quadratischen Prisma ist der mittlere Druckbeiwert auf der Hinterseite des Körpers stark vom Turbulenzgrad abhängig. Dies hängt mit dem Wideranlegen der an der Vorderkante abgelösten Strömung zusammen, die durch die Turbulenz begünstigt wird. Aber eine genauere Untersuchung über den Einfluss der Turbulenz bei der Grenzschichtströmung in Bezug auf die Druckverteilung ist in der Literatur nicht vorhanden. Die Untersuchung des Turbulenzeffektes mit den statistischen Turbulenzmodellen würde nicht zu realen Zuständen führen. Bei der Entwicklung dieser Modelle wird von einer isotropen Turbulenz ausgegangen. Deshalb wird auf eine detaillierte Untersuchung des Einflusses der Turbulenz im Rahmen dieser Arbeit verzichtet.

Aus den gewonnenen Erkenntnissen werden zur Validation bzw. Erweiterung der Korrekturformel folgende Geometrie und Randbedingungen variiert:

$\Rightarrow$ Versperrungsgrad A_m/A_k

$\Rightarrow$ Längenverhältnisse l/h

$\Rightarrow$ Grenzschichthöhe δ/h

$\Rightarrow$ Windprofil α

6.3 Korrektur des Widerstandbeiwertes der 2D umströmten Modelle

Als charakteristisches Modell für die Umströmung zweidimensionaler Modelle bietet sich die senkrecht angeströmte Platte endlicher Dicke positioniert auf dem Kanalboden an. Um die Korrekturmethode für weitere Modelltypen zu erweitern, werden ebenfalls die Einflussparameter, die im Kapitel 6.2 erläutert sind, als explizite Größe in der Korrekturformel berücksichtigt.

Folgende Parameter werden im Rahmen dieser Arbeit variiert:
Versperrungsgrad: $h/H = 1 - 20\%$
Grenzschichthöhe: $\delta = 0.2h - H$
Länge des umströmten
Hindernisses: $l/h = 0.1 - 6$
Windprofil: $\alpha = 0.05 - 0.45$

Darstellung der Ergebnisse

a) $\delta/h<1$

Für kleine Grenzschichthöhen ($\delta<h$) ergeben sich für alle Konstanten in Formel (5.9) annähernd den Wert 1. Dieses führt nach Maskell's Theorie zur Korrektur einer Platte, die einer gleichförmigen Anströmung angesetzt ist. Die Werte für den wake expansion factor liegen für diese Strömungskonfiguration zwischen m=3 und 3.2. In [6] findet man m=2.8. Die Ergebnisse einer Plattenumströmung bei einer Grenzschichthöhe von $\delta/h=0.5$ sind in der Abbildung 6.7 dargestellt. Zur Korrektur des Widerstandsbeiwerts liefern alle Verfahren Ergebnisse mit gleicher Tendenz. Die korrigierte Werte weichen ab ca. h/H=12% um etwa 8% vom $C_{D0}=0.83$ ab und werden immer ungenauer (C_{D0} ist der Widerstandsbeiwert bei Versperrungsgrad gleich Null, der durch die Extrapolation bestimmt wird).

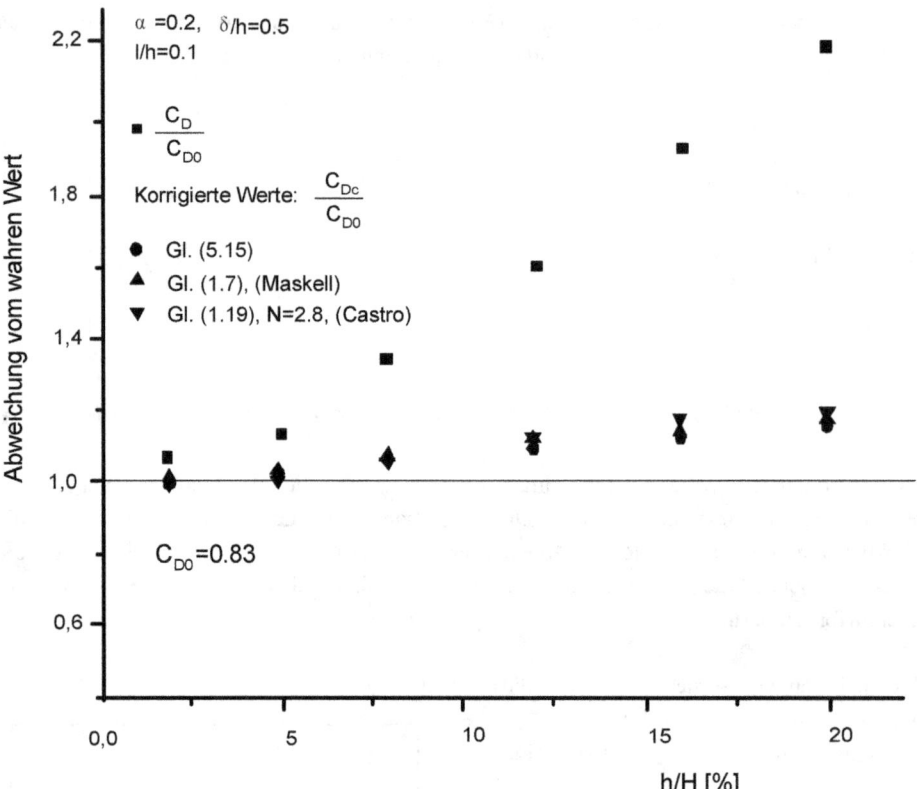

Abbildung 6.7: Vergleich verschiedener Korrekturmethoden

b) $\delta/h>1$

Die Abbildung 6.8 zeigt den Widerstandsbeiwert C_D als Funktion des Versperrungsgrades h/H vom zweidimensional umströmten Hindernis mit l/h=0.1, $\delta/h=4$ und einem Windprofil von $\alpha=0.2$ bei senkrechter Anströmung zur Stirnfläche. Die ebenfalls eingetragenen korrigierten Werte liegen bis zum Versperrungsgrad von ca. 15 % alle um den Wert $C_{D0}=0.82$. Die Werte für den wake expansion factor lagen für diese Strömungskonfiguration zwischen m=2.2 und 3.2 Nach Angabe in [6] beträgt m=2.8.

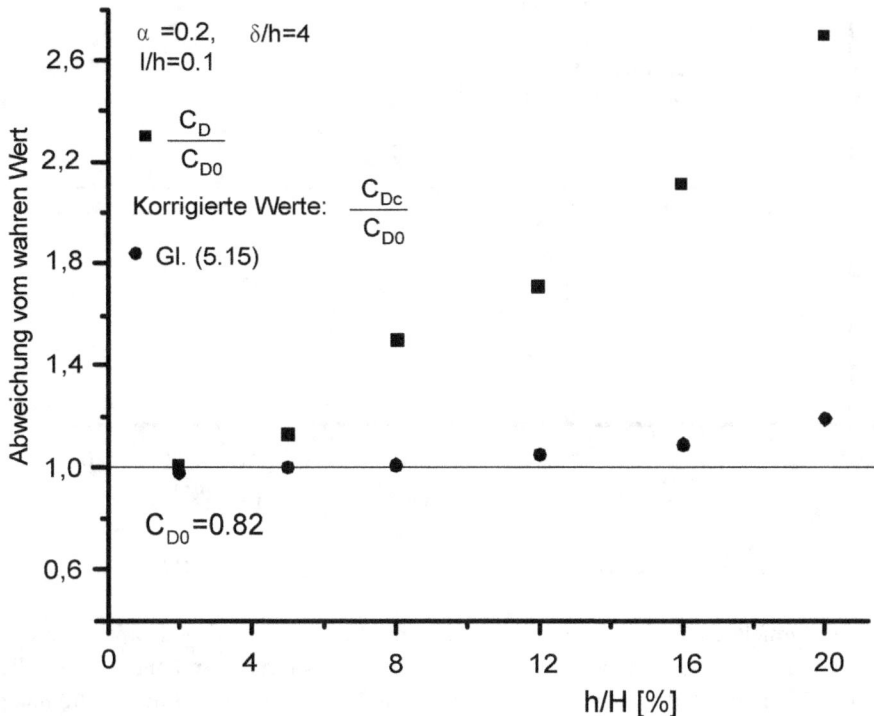

Abbildung 6.8: Korrektur des Widerstandsbeiwertes

Für Versperrungsgrade h/H > 15% werden die Widerstandsbeiwerte zu schwach korrigiert. Der korrigierte Widerstandsbeiwert C_D bei h/H=16% weicht um 10% vom Wert bei h/H=2% ab. Aus diesem Grund liegt die Grenze der Anwendbarkeit der Korrekturmethode für solche Strömungskonfigurationen bei ca. 12%.

Um die Korrekturmethode nach der Gleichung 5.15 mit anderen Verfahren zu vergleichen, wurden die Korrekturformeln von Castro [2] nach Gleichung (1.19) herangezogen und auf die berechneten Widerstandsbeiwerte angewendet.
In der Abbildung 6.9 ist der korrigierte Verlauf des Widerstandsbeiwertes in Abhängigkeit des Versperrungsgrades für den Strömungszustand wie in der Abbildung 6.8 dargestellt. Für diese Strömungskonfiguration beträgt der in der Gleichung (1.19) N=4.6 [2].
Wie diese Abbildung verdeutlicht, unterkorrigiert die Korrekturmethode von Castro die Widerstandsbeiwerte bei geringen Versperrungsgrad, die gleiche Tendenz zeichnet sich ebenfalls bei h/H von ca. 20% ab.

Wie in diesem Kapitel gezeigt wird, ist diese Tendenz auch bei verschiedenen Strömungskonfigurationen zu sehen.

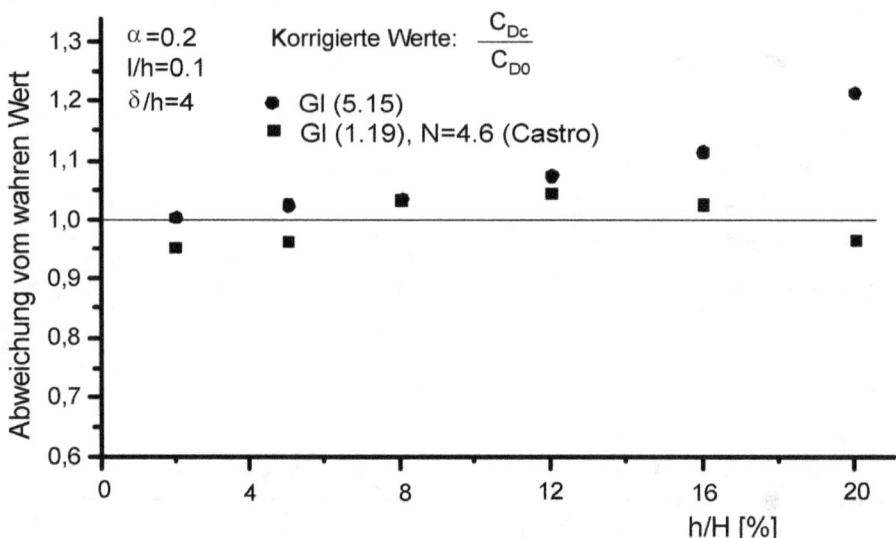

Abbildung 6.9: Vergleich verschiedener Korrekturmethoden (C_D-Werte s. Abbildung 6.8)

Die Korrekturformeln Gl. (1.7) und Gl. (5.15) gelten nur für plattenähnliche Körper. Um den Einfluss der Versperrungseffekte auf verschiedene Modelle überprüfen zu können, muss die Gleichung (1.7) so erweitert werden, dass die physikalischen Eigenschaften der Anströmung und die geometrischen Eigenschaften des zu untersuchenden Modells miterfasst werden.

c) Erweiterung des Faktors K_D

Awbi untersuchte den Einfluss des Längenverhältnisses (l/h) in Anströmrichtung und erweiterte die Maskell'sche Gleichung. Numerische Untersuchung zur Erfassung dieser geometrische Größe im Rahmen dieser Arbeit ergaben mit guter Nährung gleiches Verhalten. Zur Berücksichtigung der Modelllänge in Anströmrichtung wird daher die Gleichung (1.12) zur Grunde gelegt. Utsonomiya brachte einen weiteren Faktor hinein, indem er die Eigenschaften der Anströmung berücksichtigte. Er stellte fest, dass in einer Grenzschichtströmung mit einem Windprofil $\alpha=0.2$ der Verperrungsfaktor K_D halbiert werden muss.

Der Korrekturfaktor ψ lautet im allgemeinen:

$$\psi = \frac{C_D}{C_{Dc}} = \frac{1-C_{pb}}{1-C_{pbc}} = 1 + K_D C_D \frac{A_m}{A_k} \tag{6.1}$$

Die Gleichung von K_D lautet dann:

$$K_D = \varepsilon \; \Lambda(\lambda/h) \; \xi(\delta/h) \; \gamma(\alpha) \tag{6.2}$$

Die neuen Faktoren, $\xi(\delta/h)$ und $\gamma(\alpha)$ werden aus der Gleichung (5.15) abgeleitet; ihre Verläufe sind in den Abbildungen 6.10 dargestellt. Der Einfluss der Längenverhältnis $\Lambda(\lambda/h)$ wird über die Gleichung (1.12) bestimmt. Wenn der Wert $\varepsilon = -1/C_{pbc}$ unbekannt ist, so kann er iterative wie folgt bestimmt werden:

$$(k_c^2)_n = k^2 \left[1 + \frac{K_D/\varepsilon}{(k_c^2)_{n-1} - 1} \; C_D \; \frac{A_m}{A_k} \right]$$

wobei $(k_c^2)_n$ die n-te Approximation für k_c^2 ist. Darin ist $k^2 = 1 - C_{pb}$ und $k_c^2 = 1 - C_{pbc}$.

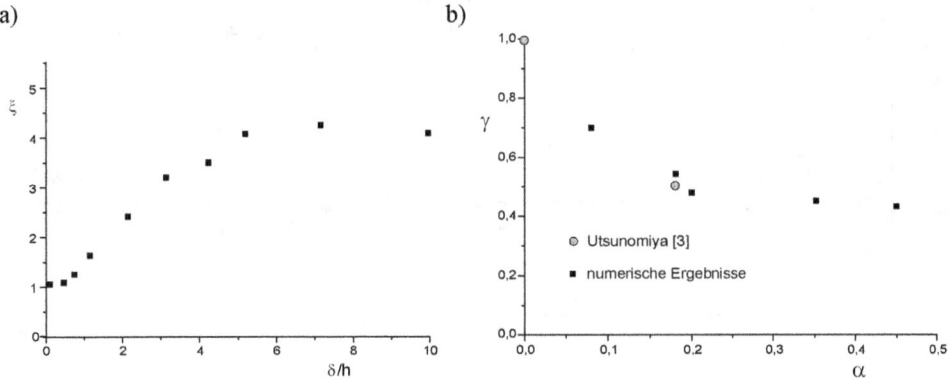

Abbildung 6.10: Faktoren zur Erfassung der Einflussgrößen in Gleichung 6.2,
a: Grenzschichthöhe δ/h
b: Windprofil α

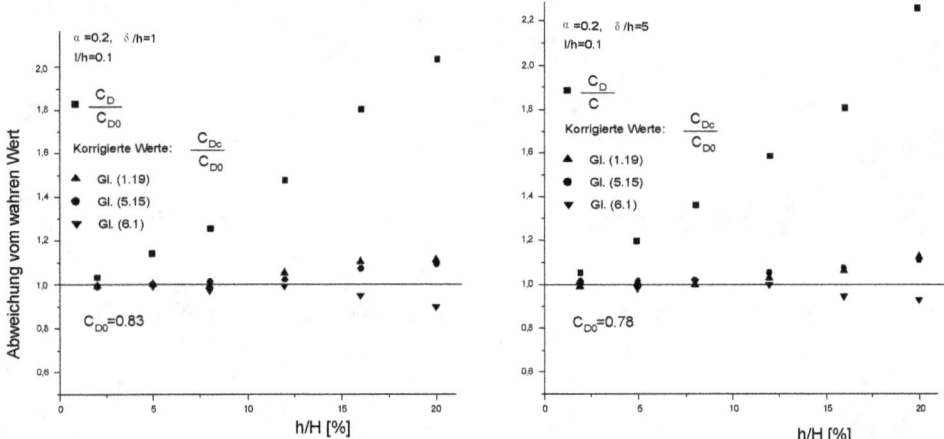

Abbildung 6.11: Korrektur des Widerstandsbeiwertes für verschiedene Grenzschichthöhen

Die Abbildung 6.11 zeigt den korrigierten Verlauf des Widerstandsbeiwertes bei unterschiedlichen Strömungszustände und Versperrungsgraden h/H. Zum Vergleich sind ebenfalls die nach der Korrekturmethode von Catsro [2] berechneten Werte eingetragen. Es zeigt sich, dass die Korrektur der Widerstandsbeiwerte nach der Gleichung (6.1) zu besseren Ergebnissen führt. Die Grenze der Anwendbarkeit dieser Methode liegt jedoch bei etwa h/H=15%.

In der Abbildung 6.12 sind die Widerstandsbeiwerte für Körper unterschiedlicher Länge λ/h eingetragen. Die Ergebnisse zeigen, dass mit Hilfe der Korrekturmethode nach Gl. (6.1) die Versperrungseffekte auch für solche Körper korrigiert werden können.

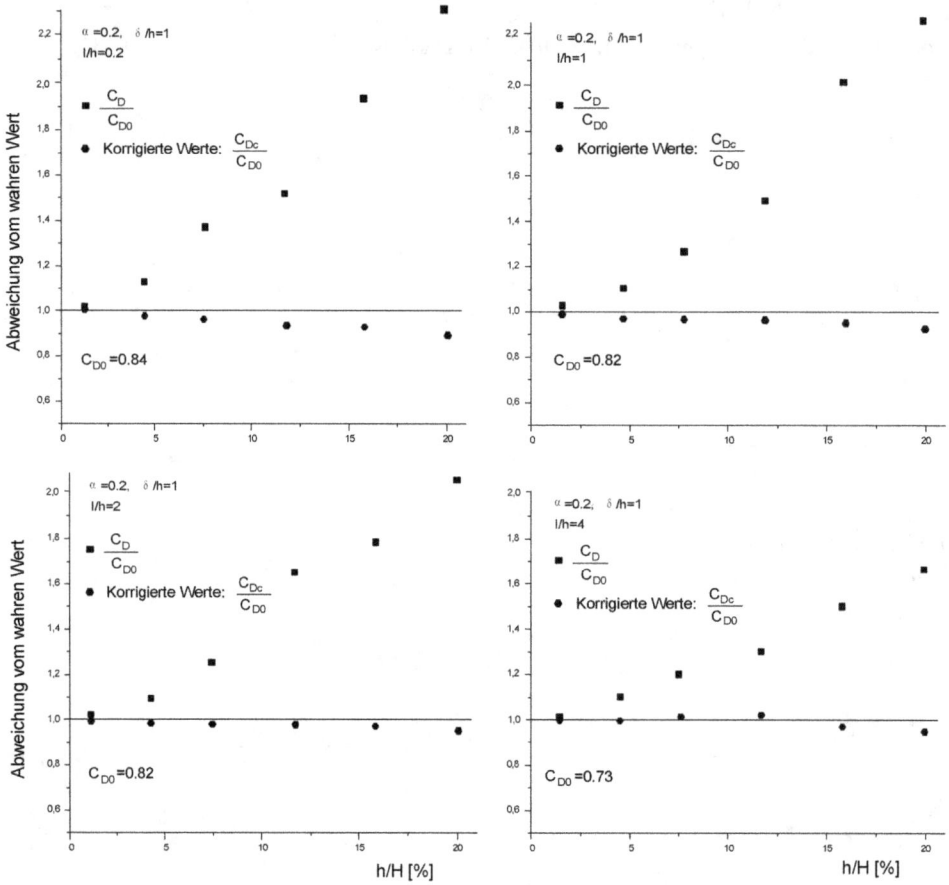

Abbildung 6.12: Korrektur der Widerstandbeiwertes der Modelle nach Gl 6.1) mit den Längen l/h=0.2, 1, 2 und 4, während δ/h und α konstant bleiben

6.4 Korrektur der Oberflächendrücke

Zur Korrektur der Oberflächendrucke wird das vorgestellte Verfahren im Abschnitt 5.3 auf die Umströmung der auf dem Kanalboden postierten Modelle überprüft. Die experimentellen Untersuchungen von Mercker haben ergeben, dass bei einer kleiner Grenzschichthöhe $(\delta/h \leq 0.37)$ die Korrekturformel weiterhin ihre Gültigkeit besitzt (s. Kapitel 1.3). Aus der Abbildung 5.4 entnimmt man, dass für solche Strömungskonfigurationen für K_p den Wert 1 eingesetzt kann.
Die Verteilung des dimensionslosen Wanddruckes

$$C_p = \frac{p - p_\infty}{0.5 \rho U(h)^2}$$

ist in den folgenden Abbildungen dargestellt. Darin ist p_∞ der Druck in der ungestörten Strömung weit vor dem Körper.

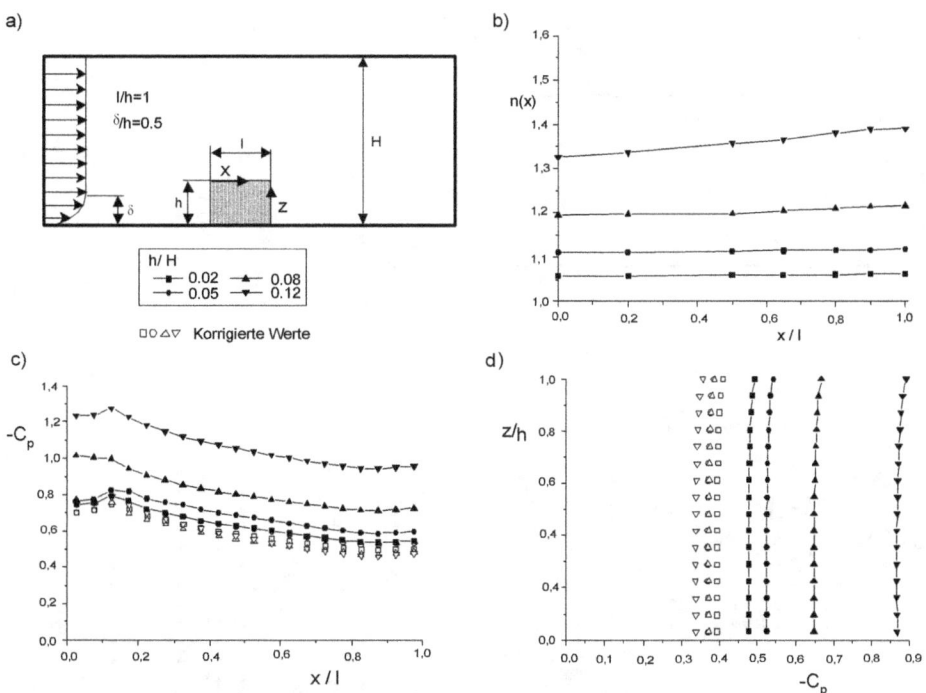

Abbildung 6.13: Korrektur der Oberflächendruckverteilung
a): Modellanordnung, b): Korrekturfaktor n(x), c): Korrektur der Druckverteilung auf dem Dach des Modells, d): Korrektur der Druckverteilung der Totwasserdruckbeiwerte

In der Abbildung 6.13 ist die Druckverteilung auf der Ober- und Rückseite der Modelle bei verschiedenen Versperrungsgraden dargestellt. Die Grenzschichthöhe δ/h beträgt 0.5 für das Modell mit den Seitenverhältnissen l/h=1. Aus der Abbildung 5.4 entnimmt man für diese

Zuströmungsanordnung, dass K_p=1.15 ist. In der Abbildung 6.13b sind die n-Verläufe für verschiedene Versperrungsgrade über die Modelllänge dargestellt. Nach Korrektur der Druckbeiwerte auf dem Modell fallen alle Kurven mit geringen Abweichung zusammen. Bei steigenden Versperrungsgraden aber ist eine leichte Tendenz überkorrigierte Werte zu beobachten. Dieses Verhalten fällt auch bei der Korrektur der Druckbeiwerte auf der Leeseite des Körpers auf, wie die den Darstellungen in der Abbildung 6.13d zu entnehmen ist. Die eingetragenen korrigierten Druckbeiwerte liegen um den Wert C_{pT}=-0.375.
Bei der Korrektur des Oberflächendrücke ist eindeutig zu sehen, dass für höhere Versperrungsgrade die Werte unterkorrigiert werden. Diese Tendenz ist auch bei den experimentellen Untersuchungen von Mercker zu sehen. Die Grenze der Anwendbarkeit dieser Methode liegt somit bei A_m/A_k=10%.

Um die Anwendbarkeit der Korrekturmethode für größere Grenzschichthöhen zu überprüfen, wurden weitere Simulationen für verschiedene Strömungskonfigurationen durchgeführt. Die Ergebnisse der Simulation für l/h=4 ist in der Abbildung 6.14 dargestellt. Hier wird deutlich, dass die abgeleitete Methode durchaus auch für diese Anströmbedingungen geeignet ist.

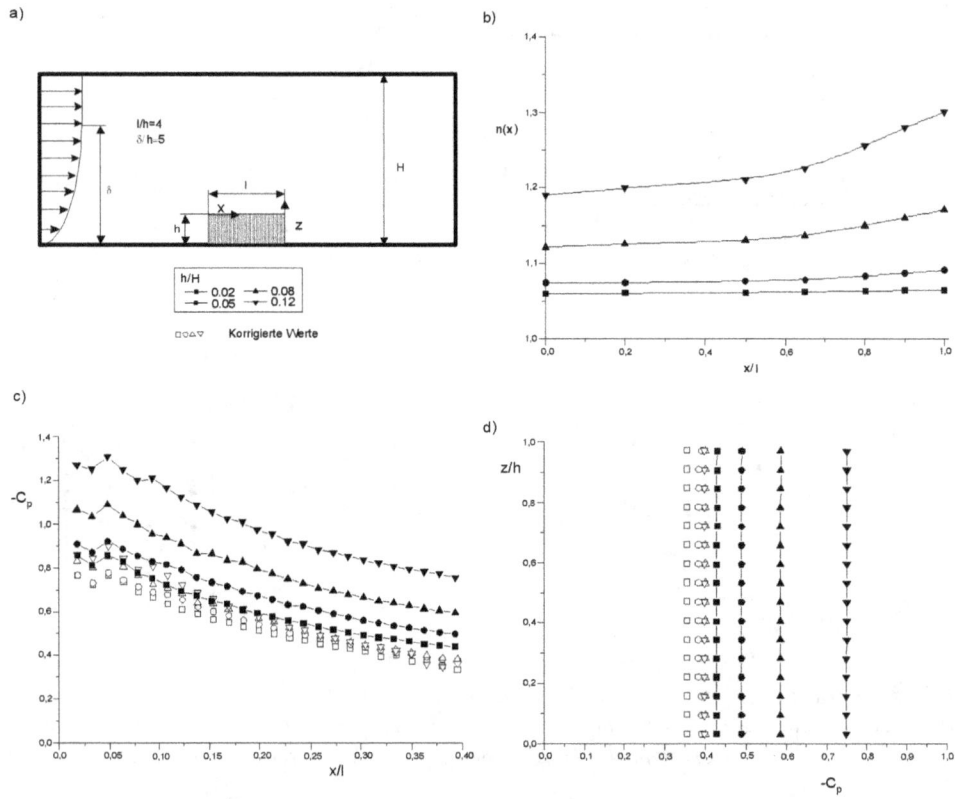

Abbildung 6.14: Korrektur der Oberflächendruckverteilung
a): Modellanordnung, b): Korrekturfaktor n(x), c): Korrektur der Druckverteilung auf dem Dach des Modells, d): Korrektur der Druckverteilung der Totwasserdruckbeiwerte

Für die Grenzschichthöhe δ/h=5 folgt aus der Abbildung 5.4, dass Kp=1.65 ist. In der Abbildung 6.15 sind die Korrekturfaktoren n für verschiedene Versperrungsgrade dargestellt. Die experimentellen Untersuchungen von Mercker zeigen, dass der Wert n mit der Lauflänge zunächst zunimmt. Dieses ist auf die größer werdende Ablöseblase und die damit hervorgerufene steigende Versperrungswirkung zurückzuführen, die weiter stromabwärts abnimmt. Zum Ende des Modells hin nimmt dann der Korrekturfaktor wieder ab. Im Unendlichen erreicht n den Wert 1. Die numerischen Untersuchungen im Rahmen dieser Arbeit zeigen diese Tendenz nicht an. Dieses ist auf das verwendete Turbulenzmodell zurückzuführen. Die Untersuchungen von im Rahmen dieser Arbeit zeigten, dass das MMK-Modell die Ablöseblase und damit den sogenannte Wiederanlegungspunkt nicht genau vorhersagen kann.

In den weiteren numerischen Untersuchungen wurde festgestellt, wie in der Abbildung 6.15 zu erkennen ist, dass sich bei gleichen Versperrungsgraden für die untersuchten Modelle (l/h=1 und l/h=2) eine unterschiedliche Verteilung von n(x) ergibt. Dies ist auf die unterschiedliche Rezirkulations- bzw. Nachlaufgeometrie zurückzuführen.

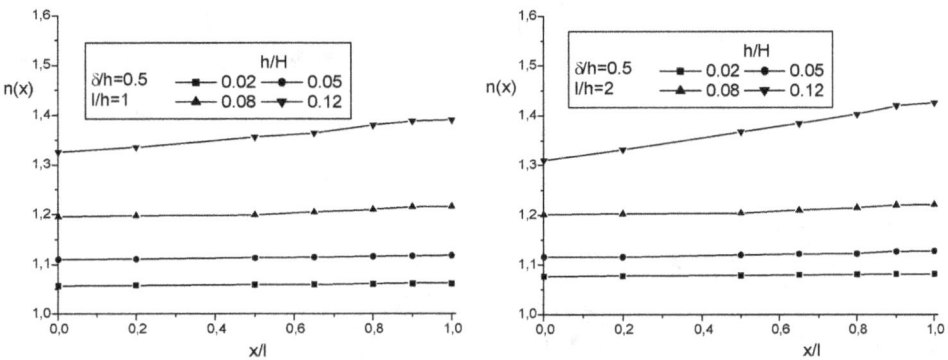

Abbildung 6.15: Modellgeometrie des Strömungsfeldes mit den charakteristischen Geometrieparametern und den Randbedingungen

Aus den Verteilungen von n(x) in den Abbildungen 6.13 – 6.15 ist zu entnehmen, dass es für die experimentellen Anwendungen der Korrekturmethode nach Gleichung 5.31 keinesfalls notwendig sei für jede Druckbohrung am Modell eine entsprechende an der Kanalwand anzuordnen. Je nach Modellgeometrie kann durch 4 bis 6 Messstellen, die gegenüber dem Modell in der Kanalwand angebracht sind, lässt sich der Verlauf von n(x) mit guter Nährung darstellen. Da für kleinere Versperrungen (<5%) der Verlauf von n(x) annährend konstant ist, würde nur eine Druckmessung ausreichen um die gesamte Druckverteilung am Modell zu korrigieren.

6.5 Dreidimensional umströmte Modelle

In diesem Kapitel wird das Korrekturverfahren bezüglich der dreidimensionalen Modellumströmung am Beispiel quadratischer Zylinder verschiedener Abmessungen überprüft. Alle Modelle werden einseitig am Kanalboden postiert und von einer Grenzschichtsströmung angeströmt (vgl. Abb. 6.16). Ergänzend zur Variation der Einflussparameter, die im Kapitel 6.3 genannt wurde, wird im Rahmen dieses Kapitel das Verhältnis der Seitenlänge (h/b) untersucht und ihr Einfluss auf das Widerstands- bzw. Druckverlauf dargestellt. Mit den gewonnen Erkenntnissen aus dem Kapitel 6.3 wird die Gleichung 6.1 auf dreidimensional umströmten Modellen erweitert.

Wie bei der 2D-Konfiguration wurde hier auch festgestellt, dass der Einfluss der Reynoldszahl auf Widerstandsbeiwert und Druckverteilung im Berech von 20.000< Re< 100.000 sehr geringfügig ist. Alle Simulationsrechnungen werden in den nächsten Abschnitten im Bereich 50.000 < Re <66.666 durchgeführt.

6.6 Modellgeometrie

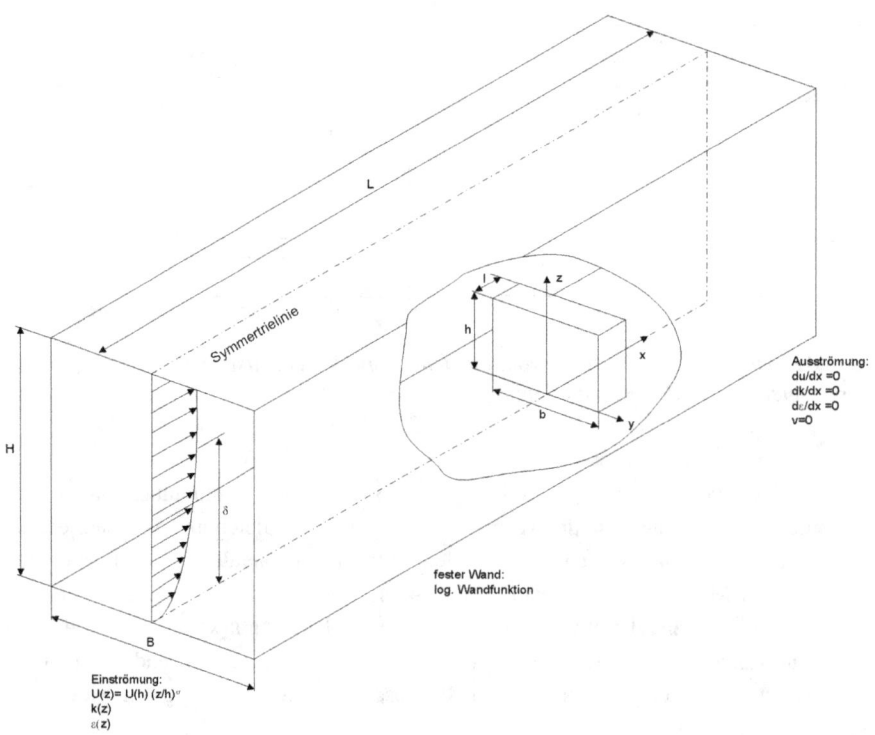

Abbildung 6.16: Modellgeometrie zur Körperumströmung mit den charakteristischen Geometrieparametern und den Randbedingungen

In Kapitel 6.1 wurde darauf hingewiesen, dass kartesische Berechnungsgitter mit variablen Gitterweiten zur numerischen Simulation angewendet werden. Bedingt durch die Dreidimensionalität der Berechnungsgeometrien und das verwendete Turbulenz Modell (MMK Modell), das eine feine Auflösung in Wandnähe erfordert, werden hohe Anforderungen an die Rechenleistung gestellt. Zu diesem Zweck wurden die Berechnungsgitter zu den Wänden hin fließend verfeinert, um einen möglichst kleinen z^+-Wert für die Wandnächste Zelle zu erzielen (in den meisten Berechnungen lagen z^+-Werte bei 20). Um Rechenzeit zu sparen, wurden die Symmetrieeigenschaften genutzt (vgl. Abbildung 4.3). Symmetriebedingungen zeichnen sich durch Nullgradienten der Diffusion entlang der gesamten Symmetrieebene aus. Alle weiteren Randbedingungen entsprechen Kapitel 6.1.

In den nächsten Abschnitten wird der Widerstandsbeiwert bei der 3-dimensionalen Körperumströmung (s. Abbildung 6.17) wie folgt bestimmt:

$$C_{F1} = \frac{F_1}{0.5 \rho \, U(h)^2 \, bh} = \int_0^1 \int_{-0.5}^{0.5} (C_{pf} - C_{pb}) \, d(z/h) \, d(y/b)$$

$$C_{F2} = \frac{F_2}{0.5 \rho \, U(h)^2 \, A} = \int_0^1 \int_{-0.5}^{0.5} (C_{pd} - C_{pc}) \, d(x/l) \, d(y/b) \tag{6.3}$$

$$C_D = C_{F1} \cos \Theta + C_{F2} \sin \Theta$$

C_{pf}, C_{pb}, C_{pc} und C_{pd} sind die Druckbeiwerte auf den Flächen f, b, c und d, normalisiert bei der Geschwindigkeit $U(h)$.

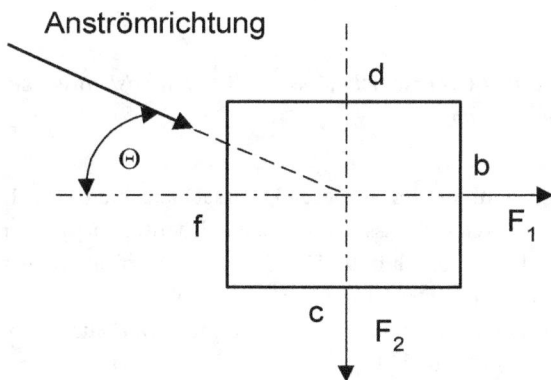

Abbildung 6.17: Widerstand bei Umströmung eines Körpers

6.7 Variation der Einflussparameter

6.7.1 Einfluss der Seitenlängen h/b und der Grenzschichthöhe δ/h

Die Untersuchung des Einflusses des Seitenverhältnisses h/b auf den Widerstandsbeiwert C_D erfolgt anhand acht verschiedener Seitenverhältnisse: b/h=0.5, 0.7, 1, 2, 5, 7, 10 und für b=B (zweidimensionale Strömung). Diese Untersuchung wurde für drei unterschiedliche Grenzschichthöhen durchgeführt: δ/h=1.25, 2.5 und 5. Der Versperrungsgrad für alle Simulationen beträgt zwischen 0.2 und 1%.

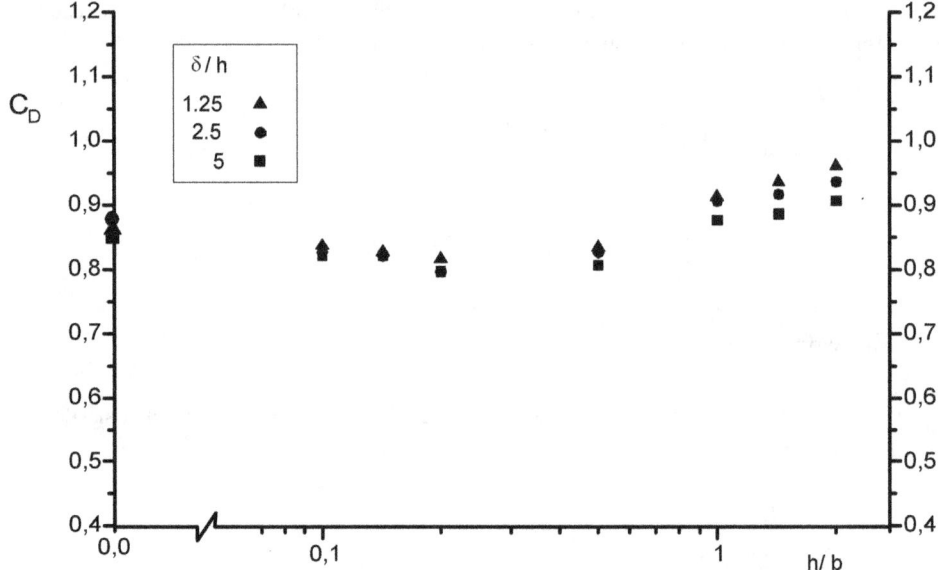

Abbildung 6.18: Einfluss der Seitenlänge und Grenzschichthöhe auf Widerstandsbeiwert bei einem 3D umströmten Körper mit l/h=1=konstant

Das Längenverhältnis für alle Strömungskonfigurationen dieser Untersuchung bleibt l/h=1, α=0.2 konstant. An Abbildung 6.18 ist zu erkennen, dass der Widerstandsbeiwert bei größer werdenden h/b zunächst leicht abnimmt (bis ca. 0.2<h/b<0.15). Für h/b>0.15 erfolgt wieder eine weitere Erhöhung des Widerstandsbeiwertes. Der Grund hierfür liegt in einer Änderung der Strömungsstruktur. Eine genaue Untersuchung dieser Art von Strömungsveränderungen aufgrund der Seitenverhältnisse findet man in [21] und [44].

6.7.2 Einfluss der Anströmwinkel θ

Die Variation der Anströmwinkel Θ wird bei konstantem Verhältnis l/h=1 und b/h=1 durchgeführt. Dabei bleibt die Grenzschichthöhe ebenfalls konstant bei δ/h=3. Die Abbildung 6.19 verdeutlicht, dass mit zunehmendem Anströmwinkel der Widerstandsbeiwert leicht ansteigt. Zwischen 45° und 90° erfolgt bei weiterer Zunahme des Anströmwinkels eine starke Abnahme des Widerstands. Die numerischen Untersuchungen haben gezeigt, dass mit Zunahme der Anströmwinkel der Druckbeiwert auf der Vorderseite des Modells immer kleiner wird. Der Anstieg des Widerstandbeiwertes bis 45° ist mit der Zunahme des Druckbeiwertes auf der Rückseite des Modells verbunden.

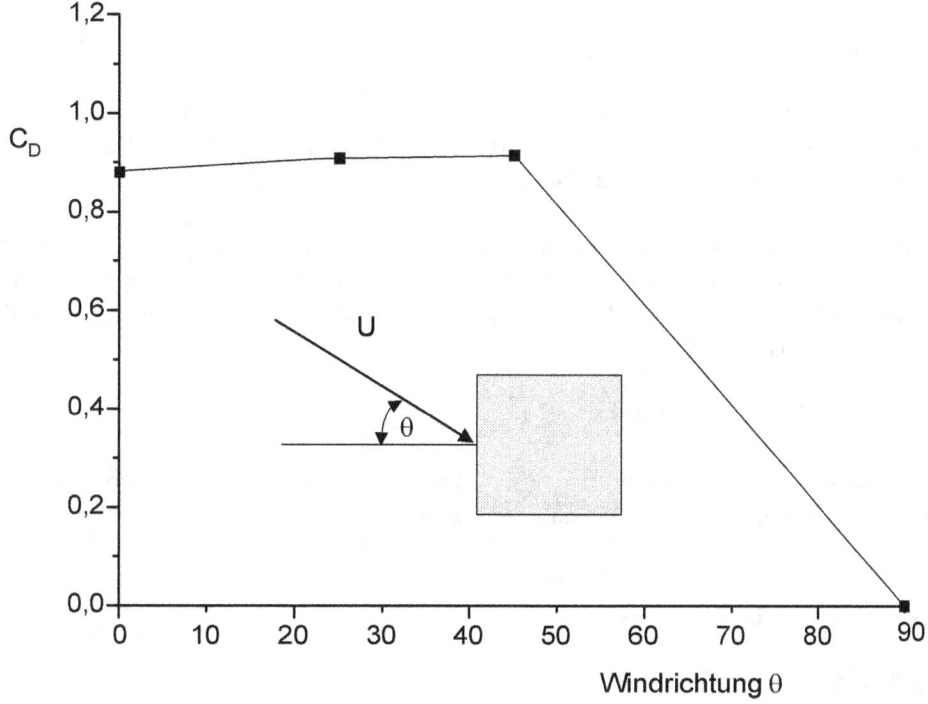

Abbildung 6.19: Einfluss des Anströmwinkels auf das Widerstandsverhalten eines Würfels

6.8 Korrektur des Widerstandsbeiwertes der 3D umströmten Modelle

Bei den dreidimensional umströmten Körpern wird der Einfluss der Seitenlänge als geometrische Eigenschaft des Modells und des Anströmwinkels als explizite Größe in der Gleichung (6.2) berücksichtigt, zu deren Erweiterung folgende Parameter variiert werden:

Versperrungsgrad: $A_m/A_k = 0.5 - 10\%$
Grenzschichthöhe: $\delta = 0.5h - H$
Schlankheit: $h/b = 0.1 - 10$
Längenverhältnis: $l/h = 1 - 4$
Windprofil: $\alpha = 0.2$
Anströmwinkel: $\Theta = 0 - 45°$

Bei allen Simulationsberechnungen in diesem Kapitel wird von einem quadratischen Windkanalquerschnitt ausgegangen. Die Modelle sind stets in der Mitte des Kanals auf der Symmetrielinie postiert (vgl. Abbildung 6.16).

Mit Hilfe der numerischen Voruntersuchungen wurde die Gleichung 6.2 für dreidimensional umströmten Körper erweitert. Dabei wurden analog zu Abschnitt 6.4 zunächst dünnwandige Modelle untersucht. Unter der Berücksichtigung des Einflusses der Seitenverhältnisse und des Anströmwinkels erweitert sich die Gleichung für K_D nun:

$$K_D = \varepsilon \; \Lambda(\lambda/h) \; \xi(\delta/h) \; \gamma(\alpha)\phi(\Theta)\varphi(b/h) \tag{6.4}$$

Zur Korrektur des Widerstandsbeiwertes kann der Einfluss der Anströmwinkels $\phi(\Theta)$ in der Gleichung (6.4) mit ziemlicher Genauigkeit gleich eins gesetzt werden.

Darstellung der Ergebnisse

a) $\delta/h < 1$

In der Abbildung 6.20 sind die Druckverteilungen der dreidimensional umströmten Modelle an der vorderen und hinteren Fläche (C_{pf} und C_{pb}) dargestellt. Bei diesem Testbeispiel beträgt die Grenzschichthöhe $\delta/h = 0.5$. Die Abmessung des Modells sind $l/h = 1$ und $b/h = 1$. Das Windprofil wurde für alle simulierten Strömungen $\alpha = 0.2$ gewählt. Für diese Strömungsanordnung ergeben sich folgende Konstanten: $\xi = 1.2$, $\Lambda = 1$, $\gamma = 0.52$. Aus der Simulation folgt: $\varepsilon = -1/C_{pbc} = 3.94$. Für diese Strömungsanordnung ergibt sich für $\varphi = 1.15$ die beste Lösung. Die Werte für den wake expansion factor liegen für diese Strömungskonfiguration zwischen $m = 3$ und 3.6. Nach Angabe in [6] beträgt $m = 2.84$.

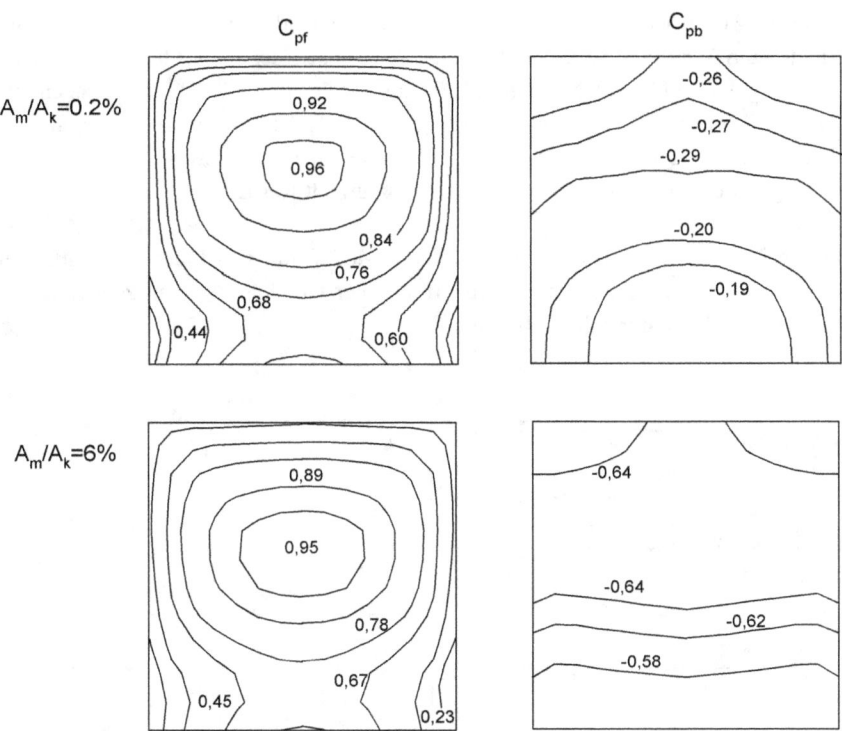

Abbildung 6.20: Druckverteilung bei einem Würfel mit einer Grenzschichthöhe von $\delta/h=0.5$

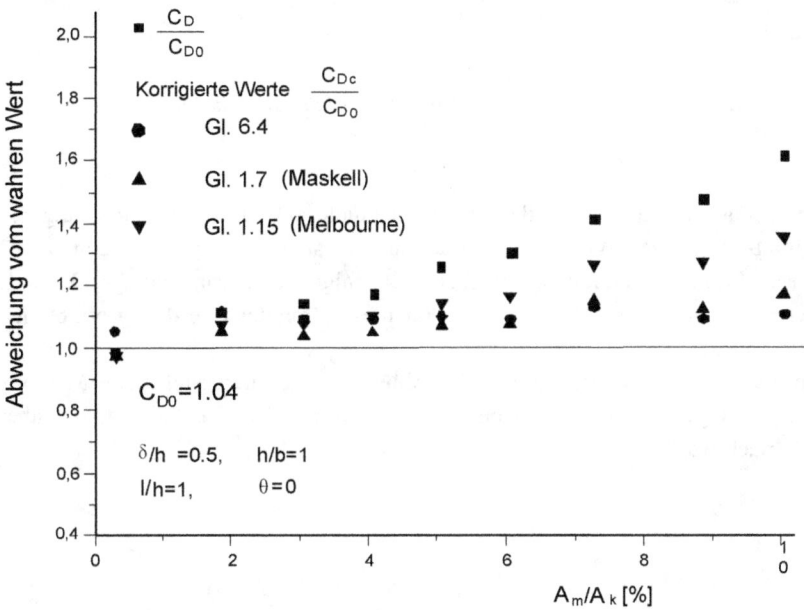

Abbildung 6.21: Korrektur des Widerstandsbeiwertes nach verschiedenen Methoden

In der Abbildung 6.21 ist der korrigierte Verlauf des Widerstandsbeiwertes nach Gleichung (6.4) dargestellt. Zum Vergleich sind ebenfalls die Werte nach der Korrekturmethode nach Maskell (Gleichung 1.7) und nach Melbourne's Theorie (Gleichung 1.15) aufgetragen. Es zeigt sich, dass die Werte nach der Methode von Melbourne für diese Strömungskonfiguration nicht geeignet sind. Dagegen konnte mit der Methode von Maskell eine gute Übereinstimmung mit dem Ergebnis von Gleichung (6.4) erzielt werden.

Die Abbildung 6.22 zeigt die Druckverteilung für ein Modell mit den Längenverhältnissen h:b:l=1:2:1. Wie auch hier zu sehen ist, vergrößert sich der Druckbeiwert mit Zunahme des Versperrungsgrads auf der hinteren Modellfläche

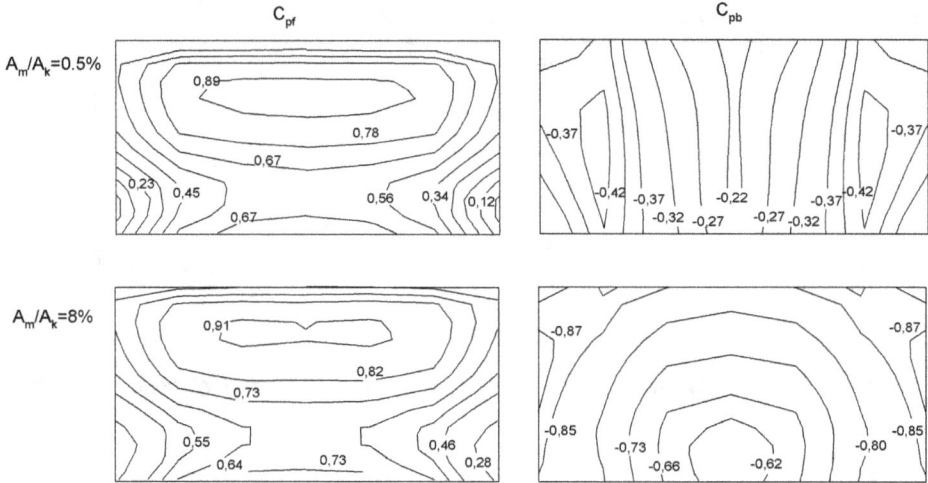

Abbildung 6.22: Druckverteilung bei einem Modell mit dem Längenverhältnis h:b:l=1:2:1 bei einer Grenzschichthöhe von $\delta/h=0.5$

Bei dieser Simulationsrechnung beträgt die Grenzschichthöhe $\delta/h=0.5$. Die Abmessung des Modells sind h:b:l=1:2:1. Das Windprofil wurde für alle simulierten Strömungen $\alpha=0.2$ gesetzt. Für diese Strömungsanordnung ergeben sich folgende konstanten: $\xi=1.2$, $\Lambda=1$, $\gamma=0.52$. Aus der Simulation folgt: $\varepsilon=-1/C_{pbc}=3.1$. Für diese Strömungsanordnung ergibt sich für $\varphi=1$ die beste Lösung.

Die Ergebnisse dieser Testsimulation sind in der Abbildung 6.23 dargestellt. Die Methode von Maskell zeigt wiederum eine gute Übereinstimmung mit den Ergebnissen, die über Gleichung (6.4) erzielt worden.

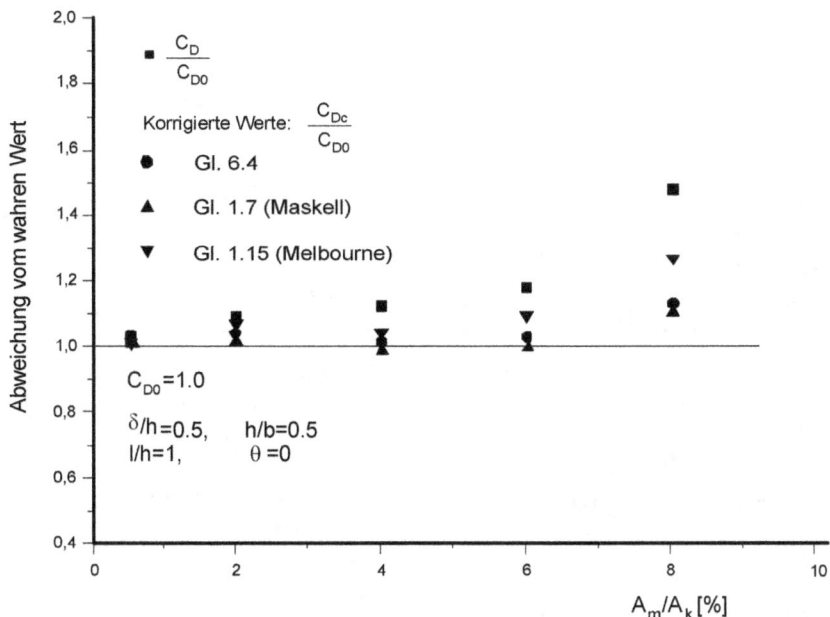

Abbildung 6.23: Korrektur des Widerstandsbeiwertes nach verschiedenen Methoden

b) δ/h>1

Für Strömungskonfigurationen bei δ/h>1 ergeben sich, wie zu erwarten ist, unterschiedliche Druckverteilungen am Körperoberfläche. Die Abbildung 6.24 zeigt das Ergebnis dieser Studie. An der vorderen Modellfläche beträgt der maximale Druckbeiwert $C_{pfmax}=0.82$, während für δ/h=0.5 ein Druckbeiwert von $C_{pfmax}=0.96$ errechnet wurde.

Das Windprofil wurde für alle simulierten Strömungen α=0.2 gewählt. Für diese Strömungsanordnung ergeben sich folgende konstanten: ξ=2.3, Λ=1, γ=0.52. Aus der Simulation folgt: ε=-1/C_{pbc}=3.9. Für diese Strömungsanordnung erbringt φ=1.07 die beste Lösung.

Die Überprüfung der Korrekturmethode für höhere Grenzschichten führte ebenfalls zu befriedigenden Ergebnissen, wie die Abbildung 6.25 zeigt. Für diesen Strömungszustand zeigt die Korrekturmethode, die im Rahmen dieser Arbeit hergeleitet ist, gute Übereinstimmung mit den Ergebnissen nach Utsonumyia. Das Korrekturverfahren nach Melbourne unterkorrigiert wieder die Beiwerte.

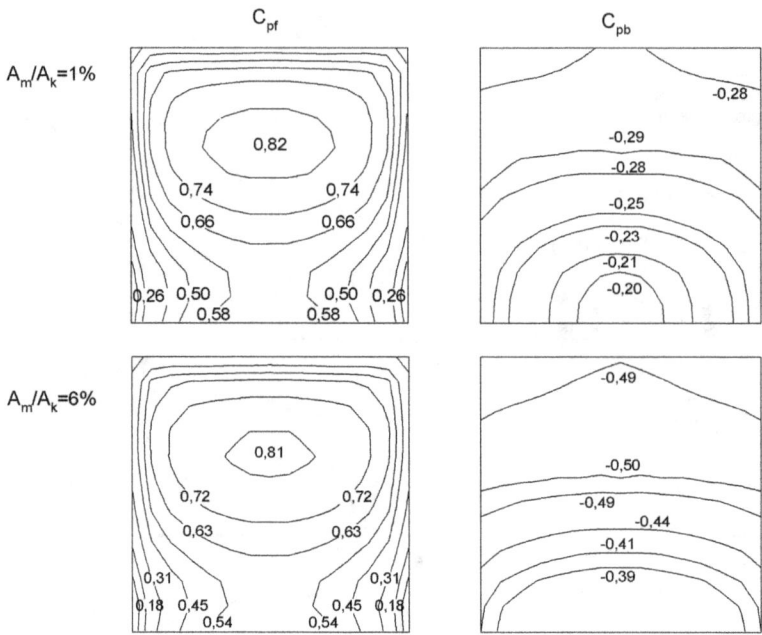

Abbildung 6.24: Druckverteilung bei einem Modell mit dem Längenverhältnis h:b:l=1:1:1 bei einer Grenzschichthöhe von δ/h=2.5

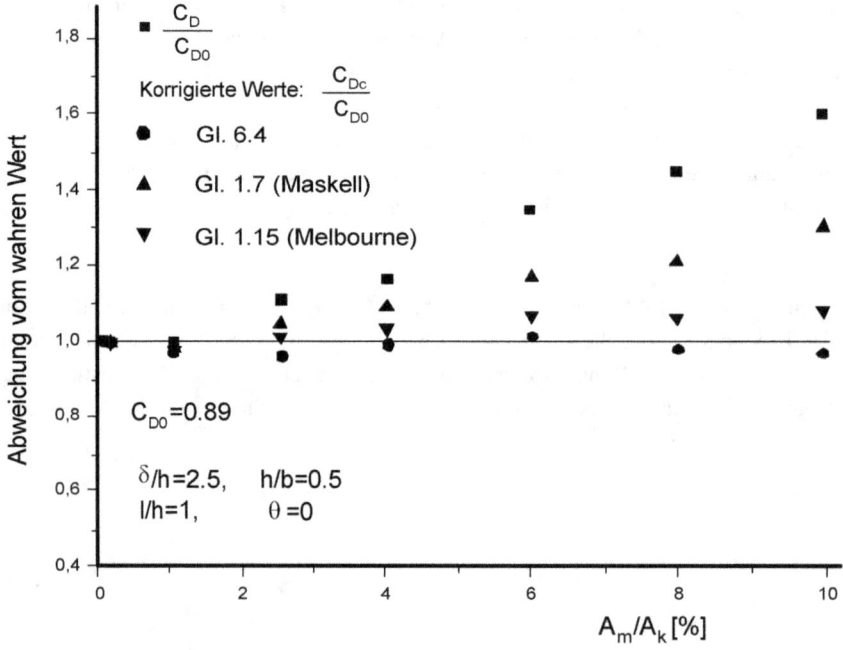

Abbildung 6.25: Korrektur des Widerstandsbeiwertes nach verschiedenen Methoden

In der Abbildung 6.26 sind die Druckverteilungen der dreidimensional umströmten Modelle dargestellt. Bei diesem Testbeispiel beträgt die Grenzschichthöhe $\delta/h=2$. Die Abmessung des Modells sind h:b:l=1:2.5:1. Das Windprofil beträgt für alle simulierten Strömungen $\alpha=0.2$. Für diese Strömungsanordnung ergeben sich folgende konstanten: $\xi=2$, $\Lambda=1$, $\gamma=0.52$. Aus der Simulation folgt: $\varepsilon=-1/C_{pbc}=3.6$. Bei dieser Strömungsanordnung findet man für $\varphi=1$ die beste Lösung.

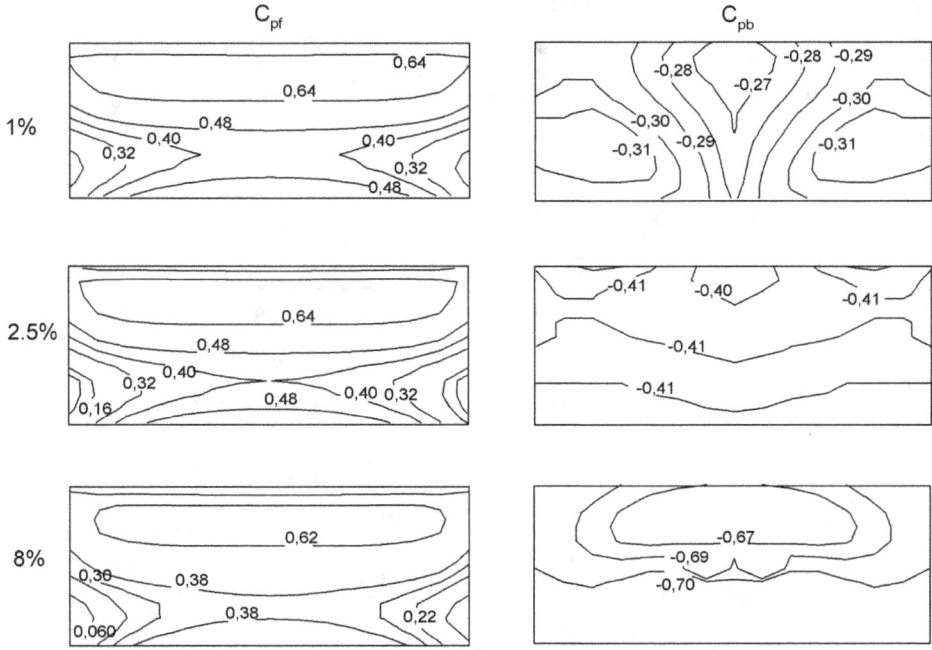

Abbildung 6.26: Druckverteilung bei einem Modell mit dem Längenverhältnis h:b:l=1:2.5:1 bei einer Grenzschichthöhe von $\delta/h=2$

Die Abbildung 6.27 zeigt die Widerstandsbeiwerte als Funktion des Versperrungsgrades A_m/A_k. Die Korrekturfaktoren in der Gleichung 6.3 beträgt. Als Vergleich sind weiterhin die Werte nach der Korrekturmethode von Melbourne zugrunde gelegt. Bis zu Versperrungsgraden von 4% liefern beide Verfahren gleich gute Ergebnisse. Ab $A_m/A_k=5\%$ werden die Werte unterkorrigiert. Ab $A_m/A_k >8\%$ werden die C_D-Werte nach der Gleichung (6.4) überkorrigiert, wobei die korrigierten Werte nach Gleichung (6.4) etwas besser abschneiden.

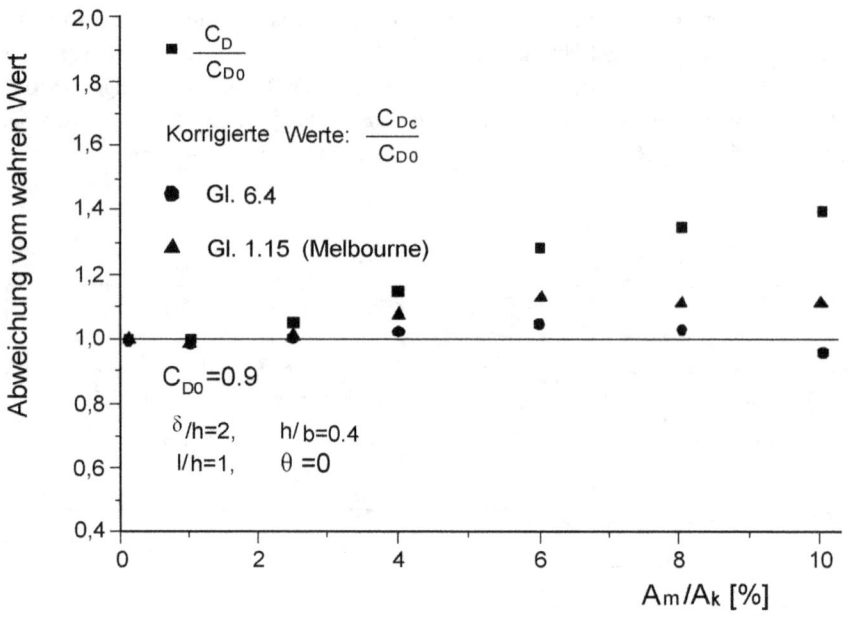

Abbildung 6.27: Korrektur des Widerstandsbeiwertes nach verschiedenen Methoden

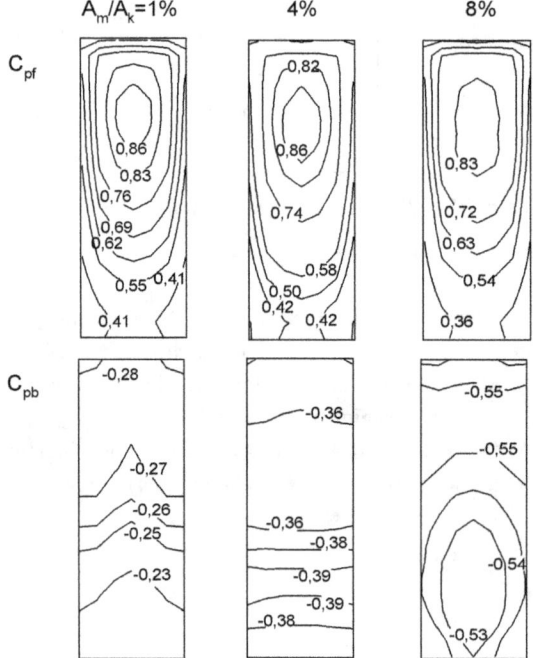

Abbildung 6.28: Druckverteilung bei einem Modell mit dem Längenverhältnis h:b:l=2.5:1:1 bei einer Grenzschichthöhe von $\delta/h=1.5$

In der Abbildung 6.28 sind die Druckverteilungen an einem Modell mit den Längenverhältnissen von b:h:l=2.5:1:1 dargestellt. Bei diesem Simulationsbeispiel beträgt die Grenzschichthöhe $\delta/h=1.5$. Das Windprofil wurde für alle simulierten Strömungen $\alpha=0.2$ gewählt. Für diese Strömungsanordnung ergeben sich folgende konstanten: $\xi=1.8$ $\Lambda=1$, $\gamma=0.52$. Aus der Simulation folgt: $\varepsilon=-1/C_{pbc}=3.9$. Für diese Strömungsanordnung ergibt sich für $\varphi=1.22$ die beste Lösung. Die Ergebnisse dieser Fallstudie sind in der Abbildung 6.29 dargestellt.

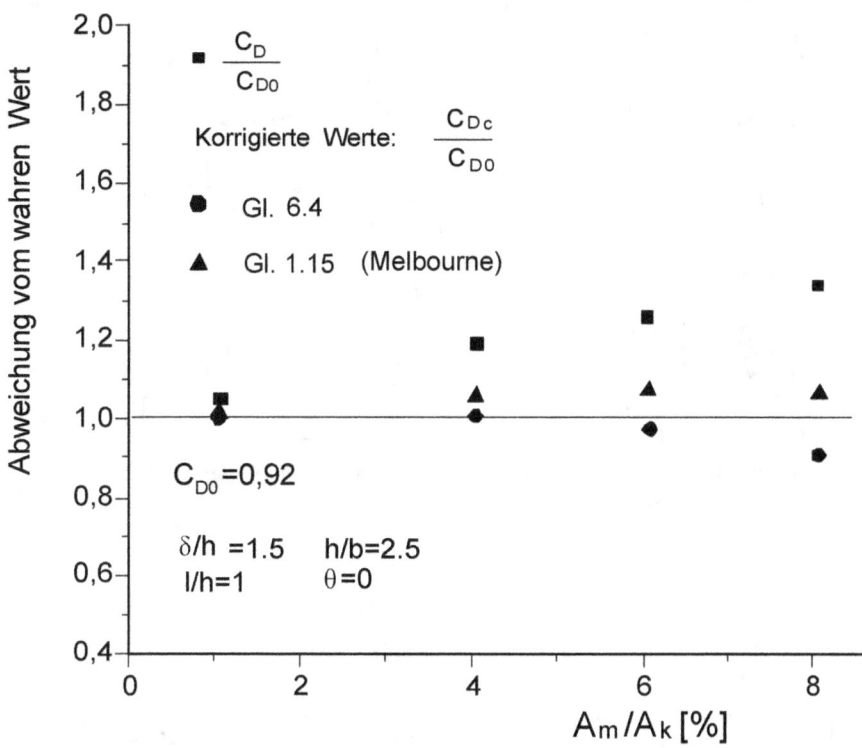

Abbildung 6.29: Korrektur des Widerstandsbeiwertes nach verschiedenen Methoden

Die Abbildung 6.30 sind die Druckverteilungen an einem Hochhausmodell mit den Längenverhältnissen von b:h:l=10:1:1 dargestellt. Bei diesem Simulationsbeispiel beträgt die Grenzschichthöhe $\delta/h=1.2$. Das Windprofil wurde für alle simulierten Strömungen $\alpha=0.2$ gewählt. Für diese Strömungsanordnung ergeben sich folgende konstanten: $\xi=1.5$ $\Lambda=1$, $\gamma=0.52$. Aus der Simulation folgt: $\varepsilon=-1/C_{pbc}=3.3$. Die beste Lösung für diese Strömungsanordnung findet man bei $\varphi=1.25$. Die Ergebnisse dieser Fallstudie verdeutlicht die Abbildung 6.31.

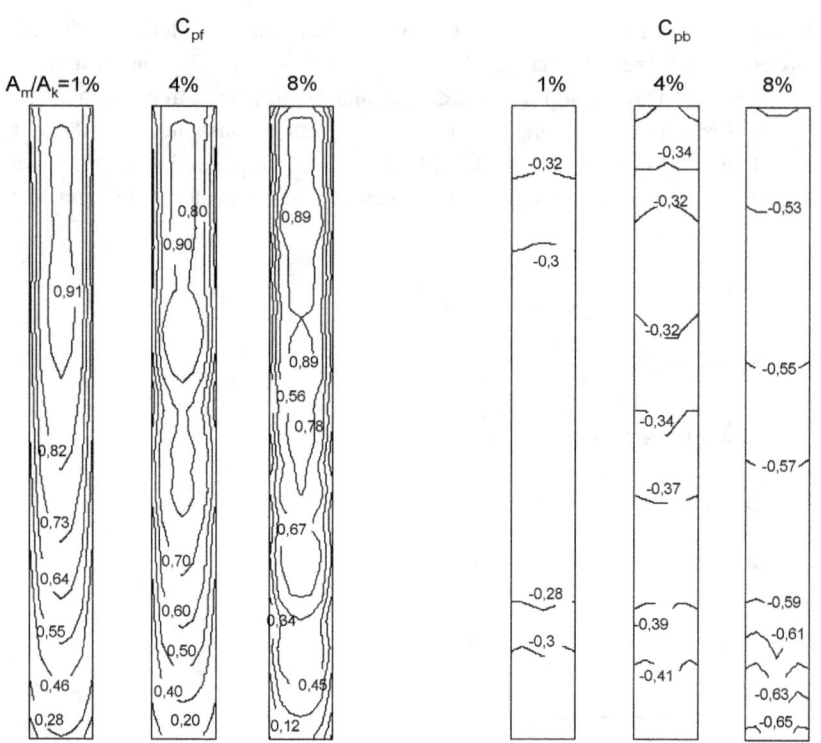

Abbildung 6.30: Druckverteilung bei einem Modell mit dem Längenverhältnis h:b:l=10:1:1 bei einer Grenzschichthöhe von δ/h=1.2

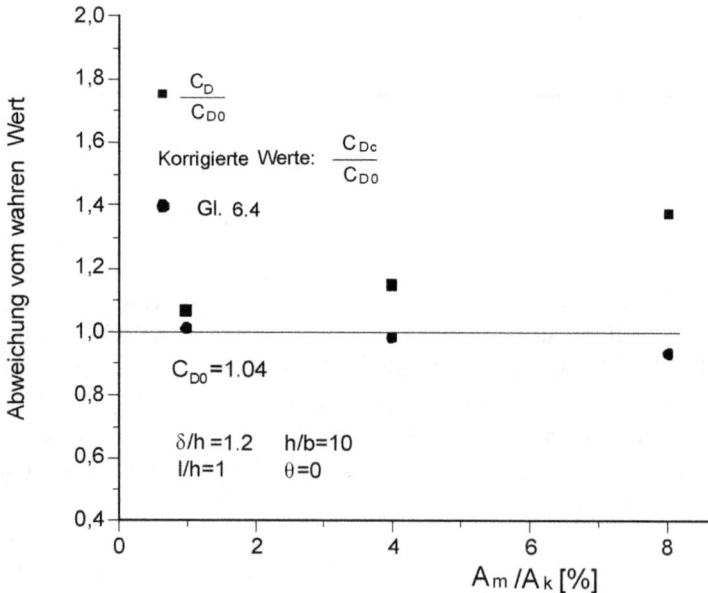

Abbildung 6.31: Korrektur des Widerstandsbeiwertes

Zusammenfassend ergibt sich für den Formfaktor φ der 3-dimensional umströmten Modellen folgender Verlauf:

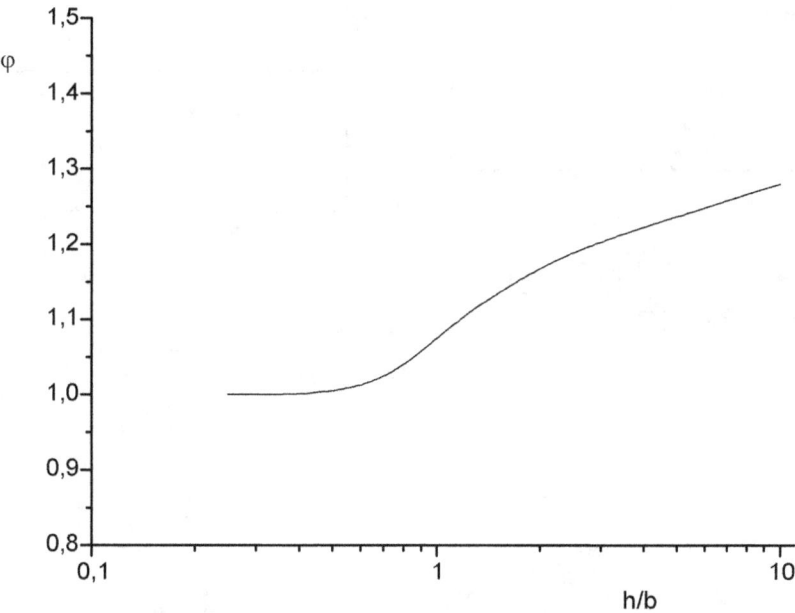

Abbildung 6.32: Formfaktor zur Erfassung der Schlankheit h/b

6.9 Korrektur der Oberflächendrücke

In diesem Abschnitt wird das Korrekturverfahren der Oberflächendrücke bezüglich der dreidimensional umströmten Modelle überprüft. In der Abbildung 6.33 ist das Ergebnis der Strömungsanordnung für $\delta/h=0.5$, $l/h=1$ und $b/h=1$ dargestellt. Es sind ebenfalls in dieser Abbildung die experimentellen Daten von Niemann [34] eingetragen. Für diese Simulationsrechnung wird die Druckverteilung für $A_m/A_k=0.4\%$ als korrigierter Druckverlauf angesehen. Nach der Korrektur der Druckbeiwerte ergeben sich auf der Ober- und Rückseite des Modells im Fuß- und Mittelbereich ziemlich gute übereinstimmende Kurvenverläufe, während im Kopfbereich der Rückseite des Modells die Korrekturwerte nicht deckungsgleich sind.

In der Abbildung 6.34 ist Flanken- und Totwasserdruckverteilung für drei verschiedene Versperrungsverhältnisse dargestellt. Für diese Strömungskonfiguration beträgt die Grenzschichthöhe $\delta/h=3$, Längenverhältnis $l/h=4$, Seitenverhältnis $b/h=1.5$. Aus der Abbildung 5.4 folgt $K_p=1.5$. Die korrigierten Beiwerte stimmen mit einer maximalen Abweichung von ca. 8% gut miteinander überein. Diese Abweichung ist insbesondere auf der Rückseite des Modells zu beobachten.

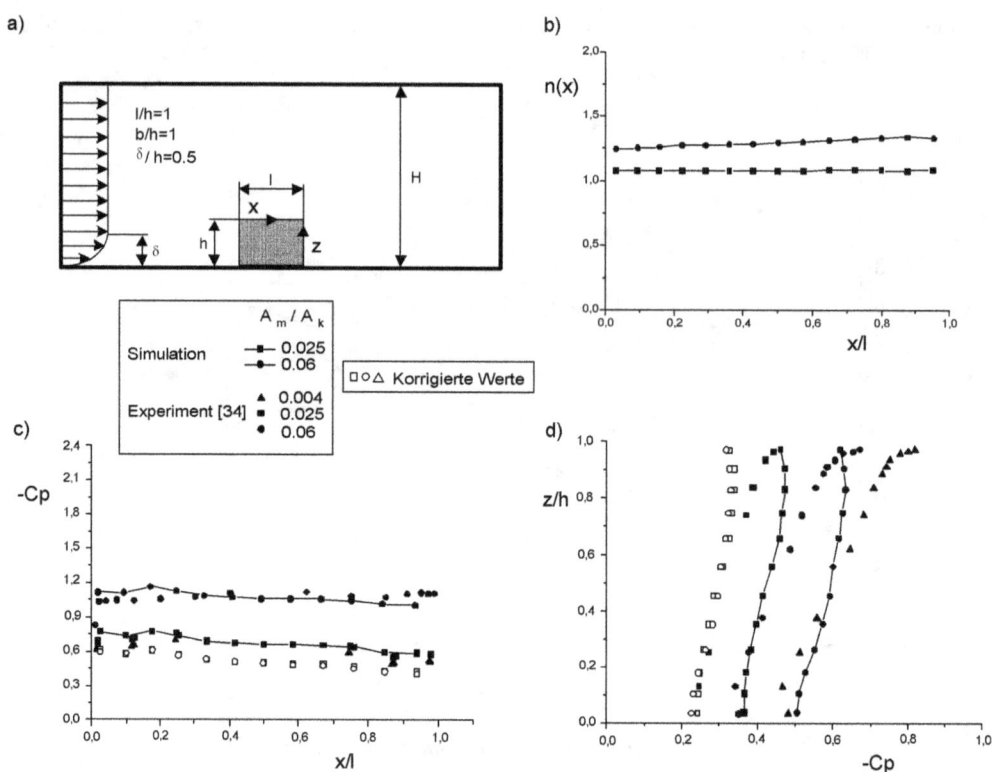

Abbildung 6.33: Korrektur der Oberflächendruckverteilung

a): Modellanordnung, b): Korrekturfaktor n(x), c): Korrektur der Druckverteilung auf dem Dach des Modells, d): Korrektur der Druckverteilung der Totwasserdruckbeiwerte

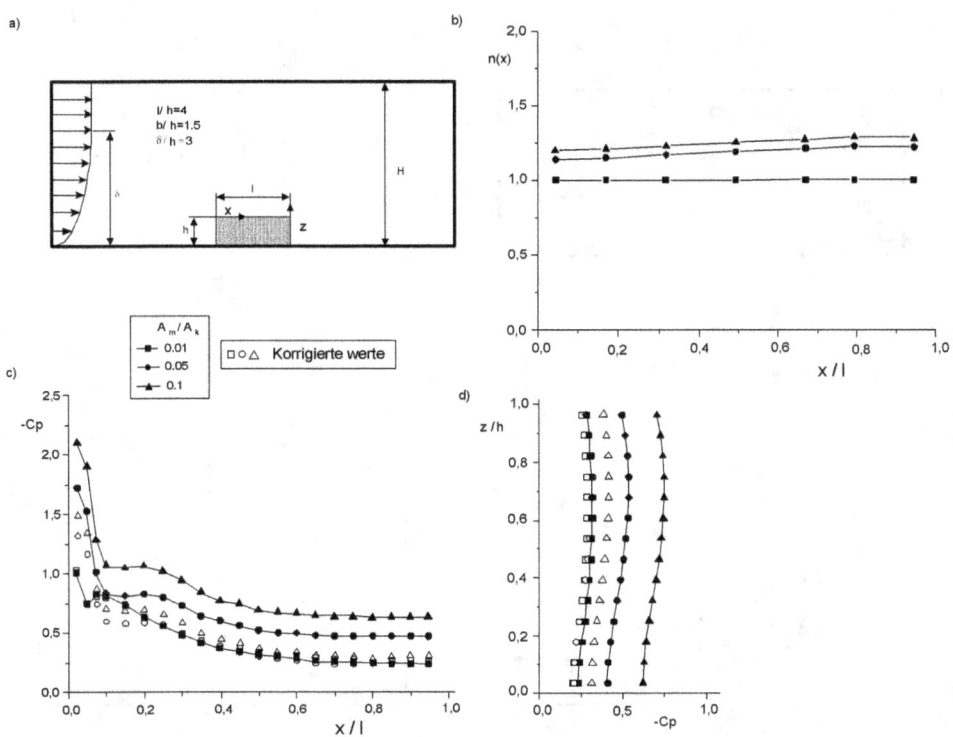

Abbildung 6.34: Korrektur der Oberflächendruckverteilung

a): Modellanordnung, b): Korrekturfaktor n(x), c): Korrektur der Druckverteilung auf dem Dach des Modells, d): Korrektur der Druckverteilung der Totwasserdruckbeiwerte

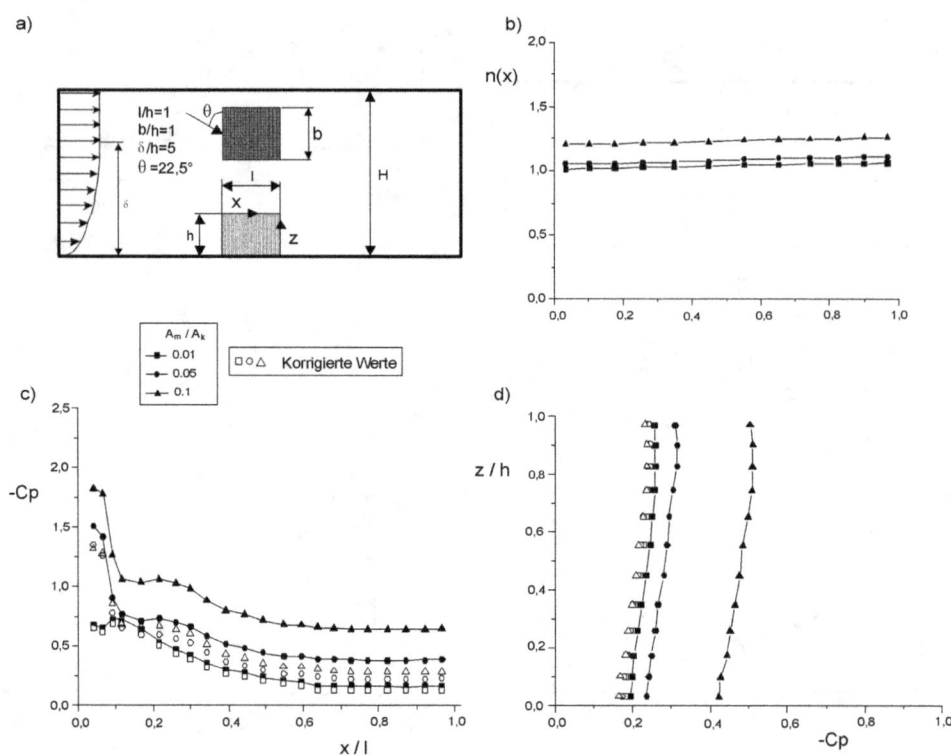

Abbildung 6.35: Korrektur der Oberflächendruckverteilung
a): Modellanordnung, b): Korrekturfaktor n(x), c): Korrektur der Druckverteilung auf dem Dach des Modells, d): Korrektur der Druckverteilung der Totwasserdruckbeiwerte

In der Abbildung 6.35 ist die Druckverteilung in der Symmetrieebene auf der Ober- und Rückseite des Modells bei einem Anströmwinkel von 22.5° und drei verschiedene Versperrungsgraden dargestellt. Bei dieser Simulation betragen die Seitenverhältnisse l/h=1 und b/h=1. Die Grenzschichthöhe ist δ/h=5 gewählt. Für diese Strömungszustand wird Kp gleich eins gesetzt. Die korrigierte Druckbeiwerte auf dem Dach des Körpers weichen bis zu 10% von einander ab, während auf der Rückseite des Modells, im Totwassergebiet, eine ausgezeichnete Übereinstimmung existiert.

Schlussfolgerung:

- Die numerische Überprüfung des im Rahmen dieser Arbeit vorgestelltes Korrekturverfahrens hat gezeigt, dass es zur Korrektur der Widerstandsbeiwerte von plattenartigen Körpern, die einer Grenzschichtsströmung ausgesetzt sind, bei Versperrungsgrade bis zu 12% sehr gut geeignet ist.

- Das in dieser Arbeit hergeleitete Korrekturverfahren wurde auf die Modelle mit längeren Abmessungen in Strömungsrichtung erweitert. Die Ergebnisse zeigen, dass die Korrektur der Widerstandsbeiwerte bei Versperrungsgrade bis zu 10% sehr gut korrigiert werden kann.

- Die Methode zur Korrektur der Oberflächendrücke wurde ebenfalls für verschiedene Strömungskonfigurationen überprüft und es zeigte sich, dass bei einem Versperrungsgrad von bis zu 10% die Druckbeiwerte gut korrigiert werden.

7. Zusammenfassung

Im Rahmen dieser Arbeit wird eine Methode zur Korrektur der Versperrungseffekte für stationäre, inkompressible Unterschallströmung vorgestellt, die eine Korrektur des Widerstandsbeiwerts erlaubt. Desweiteren wird eine Methode vorgestellt, wonach die Oberflächendrücke korrigiert werden können. Zur Überprüfung der Korrekturmethode kommen außer den experimentellen Untersuchungen auch numerische Verfahren in Betracht. Der numerische Aufwand zur Durchführung der technischen Untersuchungen mit der Direct numerical Simulation (DNS) oder der Large Eddy Simulation (LES) ist wirtschaftlich nicht vertretbar. Das Standard k-ε Modell ist aufgrund der Überschätzung der kinetischen Turbulenzenergie in der Ablösezone nicht in der Lage, die experimentell gemessenen Daten wiederzugeben und bedarf noch Modifikationen. Diese Erkenntnisse führen dazu, dass das MMK k-ε Modell zur Untersuchung der Umströmung scharfkantiger Körper am besten geeignet ist, um die Berechnungssimulationen im Rahmen dieser Arbeit durchzuführen. Ferner wurde das in CFX verwendete Standard k-ε Modell durch eine neue Definition der turbulente Viskosität verbessert. Mit dem so modifizierten Modell werden die Druckbeiwerte um den umströmten Körper besser vorhergesagt.

Zur Validation des so modifizierten Turbulenzmodell sind Experimente von Castro & Robins nachgerechnet worden. Die gute Übereinstimmung der Tendenzen zwischen Numerik und Experiment wurde in Kapitel 4 beschrieben.

Am Beispiel umfangreicher numerischer Simulationen an zwei- und dreidimensional umströmten Körpern konnten die Korrekturverfahren der Widerstands- und Druckbeiwerte überprüft und erweitert werden.

Die hergeleitete Korrekturmethode für den Widerstandsbeiwert beinhaltet bei der zweidimensionalen Strömung die Grenzschichtshöhe, das Windprofil und die Modellhöhe. Anhand der Parameterstudien wurde die Methode auf beliebige Körperformen sowohl für zwei- als auch für dreidimensionalen Strömung erweitert.

Zur Korrektur der Druckbeiwerte können die Korrekturfaktoren n durch die Berechnung der statischen Drücke an der oberen Berandung (Kanalwand) ermittelt werden. Diese Stellen liegen auf der Projektion der zu untersuchenden Position am Körper. Die numerischen Untersuchungen haben gezeigt, dass bei den Experimenten auch durch wenige Bohrungen an der Kanalwand der Verlauf des Korrekturfaktors n durch Interpolation errechnet werden kann.

Die Korrekturmethoden wurden für die mittleren Strömungsgrößen hergeleitet und angewendet. Da die statistischen Turbulenzmodelle von einer Isotropie der Turbulenz ausgehen, ist es nicht möglich, den Einfluss dieser Größe zu untersuchen. Bei der Umströmung der Bauwerke beeinflusst der Turbulenzgrad der Anströmung das Wiederanliegeverhalten entscheidend und damit die periodische Belastungsschwankungen durch instationäre Wirbelablösung. Der Einfluss dieser Effekte sollte durch experimentellen Untersuchungen überprüft werden und ggf. in den Korrekturformeln berücksichtigt werden.

Korrektur des Widerstandsbeiwerts

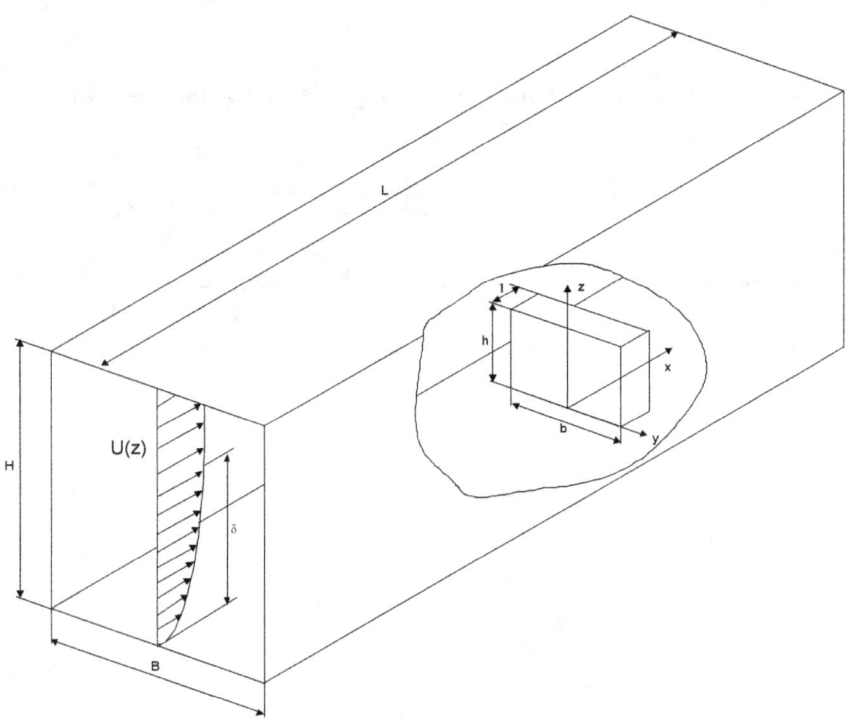

Abbildung 7.1: Modellgeometrie zur Körperumströmung

Formel zur Korrektur des Widerstandsbeiwerts:

$$\psi = \frac{C_D}{C_{Dc}} = \frac{1-C_{pb}}{1-C_{pbc}} = 1 + K_D \, C_D \, \frac{A_m}{A_k}$$

$$K_D = \underbrace{\xi(\delta/h)}_{\text{Grenzschichthöhe}} \cdot \underbrace{\gamma(\alpha)}_{\text{Grenzschichtprofil}} \cdot \underbrace{\zeta(b/h)}_{\text{Schlankheit}} \cdot \underbrace{\Lambda(l/h)}_{\text{Längenverhältnis}} \cdot \underbrace{\phi(\theta)}_{\text{Anströmwinkel}} \cdot \underbrace{\varepsilon}_{\text{Versperrungsfaktor}}$$

$A_m = b \cdot h$ Querschnittsfläche des Modells
$A_k = B \cdot H$ Querschnittsfläche des Kanals

Bestimmung der Einflussfaktoren

Versperrungsfaktor:
$\varepsilon = -1/C_{pbc}$

Wenn der Wert $\varepsilon = -1/C_{pbc}$ unbekannt ist, so kann er iterative wie folgt bestimmt werden:

$$(k_c^2)_n = k^2 \left[1 + \frac{K_D/\varepsilon}{(k_c^2)_{n-1} - 1} C_D \frac{A_m}{A_k}\right]$$

wobei $(k_c^2)_n$ die n-te Approximation für k_c^2 ist. Darin ist $k^2 = 1 - C_{pb}$ und $k_c^2 = 1 - C_{pbc}$.

Anströmwinkel:
$\phi(\theta) = 1$

Längenverhältnis:
$\Lambda(l/h) = 1.11 + 0.94 \cdot (l/h)$ für $0 < l/h \leq 0.5$
$\Lambda(l/h) = 1.11 - 0.14 \cdot (l/h)$ für $1 \leq l/h \leq 5$

Schlankheitsgrad:

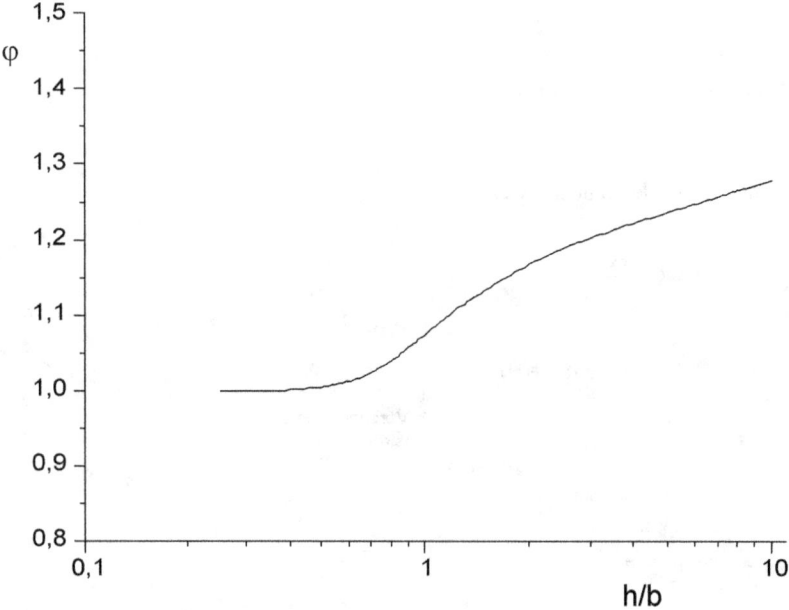

Abbildung 7.2: Formfaktor zur Erfassung des Einflusses der Schlankheit h/b

Zusammenfassung Kapitel 7

Windprofil:

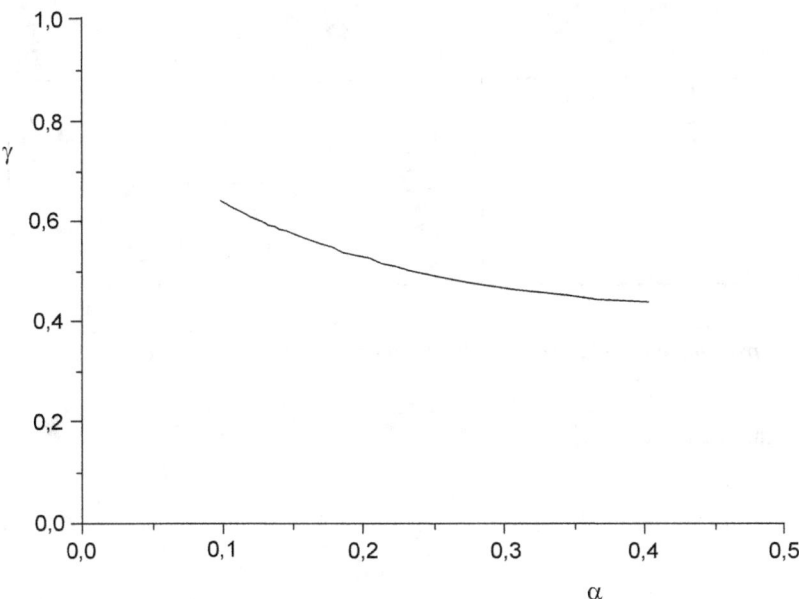

Abbildung 7.3: Formfaktor zur Erfassung des Einflusses des Windprofils α

Grenzschichthöhe:

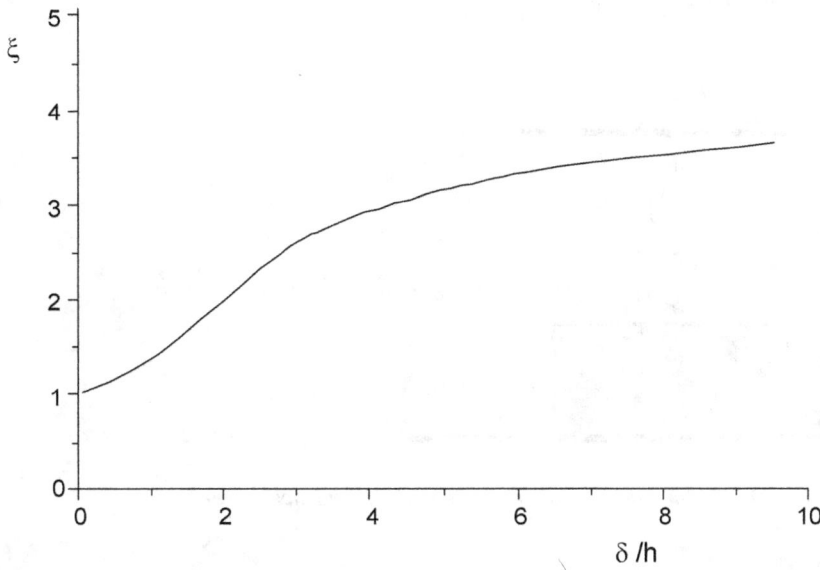

Abbildung 7.4: Formfaktor zur Erfassung des Einflusses der Grenzschichthöhe δ/h

Korrektur der Oberflächendruckbeiwerte

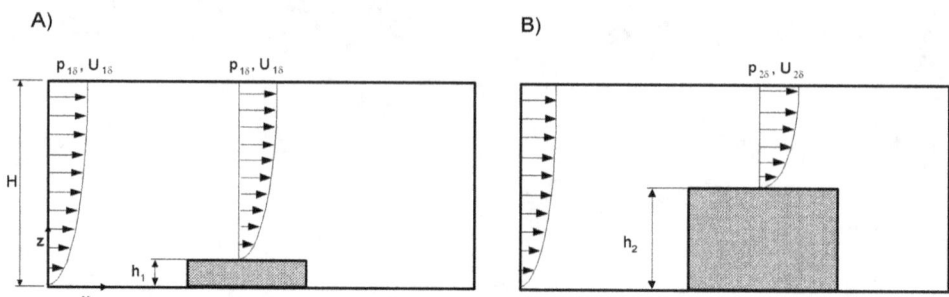

Abbildung 7.5: Anströmung eines Quaders durch U(z) für zwei verschiedene Modellhöhen

Formel zur Korrektur des Druckbeiwertes:

$$C_{pc}(x) = \frac{C_p(x)}{n(x)} + \frac{n(x)-1}{n(x)}$$

Mit:

$$n(x) = \frac{P_G - p_{2\delta}/K_p}{P_G - p_1}$$

Mit $P_G = p_{1\delta} + 0.5\rho U_{1\delta}^2$.

K_p wird aus der Abbildung 7.6 bestimmt.

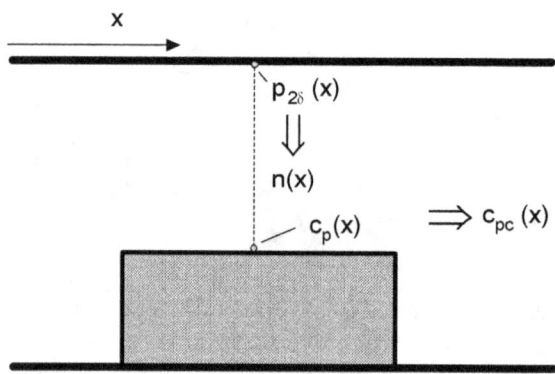

7.5: Schematische Darstellung der Korrektur des Oberflächendruckbeiwertes

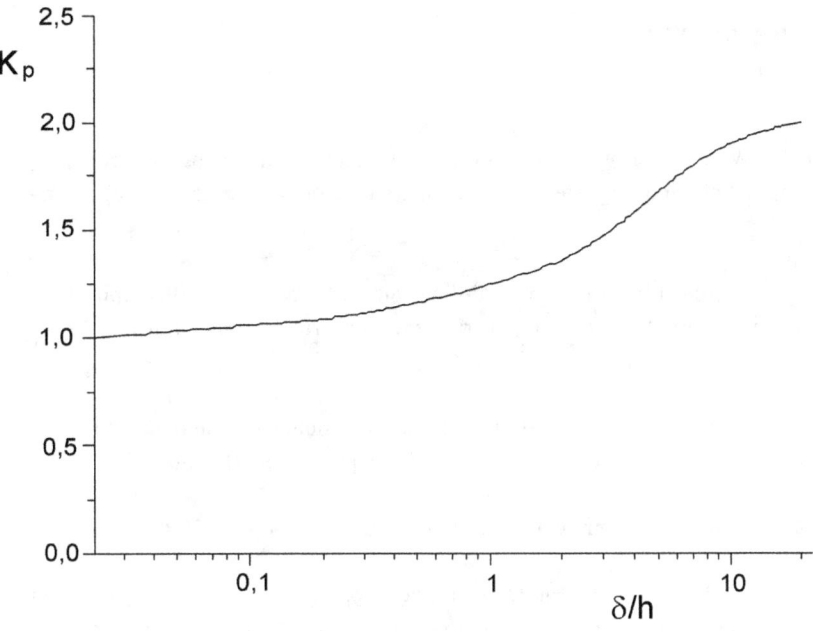

Abbildung 7.6: Kp-Verlauf über die Grenzschichthöhe δ/h

8. Literaturverzeichnis

[1]   Awbi, H.B.: Wind-tunnel-wall constraint on two-dimensional rectangular-section prisms. Journal of wind Engineering and Industrial Aerodynamics, 53 (1978) p. 285-306

[2]   Castro I.P., Fackrell, J.E.: A note on two-dimensional fence flows, with emphasis on wall constraint. Journal of wind Engineering and Industrial Aerodynamics, 3 (1978) p. 1-20

[3]   Castro, I.P., Robins, A.G.: The flow around a surface-mounted cube in uniform and turbulent streams. Journal of Fluid Mech., Vol. 79, part2, (1977) p. 307-335

[4]   CFX 4.2: User Manuals. Computational Fluid Dynamics, Harwell, 1998

[5]   Delaunay, D., Lakehal, D., Pierrat, D.: Numerical approach of wind loads prediction on buildings and structures. Journal of wind Engineering and Industrial Aerodynamics, 57 (1995) p. 307-321

[6]   ESDU International plc.: Blockage correction for bluff bodies in confined flows. Engineering Science Data Unit, Data Item No. 80024 (1980)

[7]   Fackrell, J.E.: Blockage effects on two-dimensional bluff body flow. Aronaut. Quart. Vol. 26 (1975)

[8]   Frank, W.: Three-dimensional numerical calculation of the turbulent flow around a sharp-edged body by means of large-eddy-simulation. Journal of wind Engineering and Industrial Aerodynamics, 65 (1996) p. 415-424

[9]   Gersten, K, Herwig, H:: Strömungsmechanik. Vieweg 1992

[10] Gersten, K.: Strömungsmechanik.

[11] Glauert, H.: Wind Tunnel Interference on Wings, Bodies and Airscrews, ARC, R+M 1566 (1933)

[12] Good, M.C., Joubert, P.N.: The form drag of two-dimensional bluff plates immersed in turbulent boundary layers. Journal of Fluid Mech., 31 (1968) p. 547-582

[13] Hunt, J.C.R., Abell, C.J.: Kinematical studies of the flows around free or surface-mounted obstacles; applying topology to flow visualization. Journal of Fluids Mechanics, 86 (1979)

[14] Kato, M., Launder, B.E.: The modelling of turbulent flow around stationary and vibrating square cylinders, Proc. 9th Symp. Turbulent Shear Flows (1993)

[15] Lakehal, D., Rodi, W.: Calculation of the flow past a surface-mounted cube with two-layer turbulece models. Journal of wind Engineering and Industrial Aerodynamics, 67&68 (1997) p. 65-78

[16] Launder, B.E., Spalding, D.B.: The Numerical computation of turbulent flows. Computer Methods in Allpied Mechanics and Engineering, 3 (1974) p. 285-306

[17] Leder, Alfred: Abgelöster Strömungen, Physikalische Grundlage, Vieweg, 1992

[18] Letchford, C.W., Holmes, J.D.: Wind loads on free-standing walls in turbulent boundary layers. Journal of wind Engineering and Industrial Aerodynamics, 51 (1994) p. 1-27

[19] Lock, N.H.: Wind Tunnel Interference on Streamline Bodies, ARC, R+M 1451 (1931)

[20] Majumdar, S., Rodi, W.: Three-Dimensional computation of flow past cylindrical structures and model cooling towers. Building and enviroment, Vol. 24, No.1 (1989), p. 3-22

[21] Martinuzzi, R., Tropea,C.: The Flow around surface-mounted, prismatic obstacles placed in a fully developed Channel Flow. Journal of Fluids Engineering, 115 (1993) p. 85-92

[22] Maskell, E.C.: A theory of the Blockage effects on bluff bodies and stalled wings in a closed wind tunnel. A.R.C.R.&M No. 3400 (1967)

[23] Mauch, H.: Untersuchung über den Einfluss unterschiedliche simulierter Turbulenzstrukturen auf die Beiwerteermittlung an Gebäudemodellen. Dissertation Universität Karlsruhe 1990

[24] Mc Keon, R.J., Melbourne, W.H..: Wind tunnel blockage effects and drag on bluff bodies in a rough wall boundary layer. Journal of wind effects on buildings and structures, (1971) p. 263-272

[25] Mercker, E.: Eine Blockierungskorrektur für aerodynamische Messungen in offenen und geschlossenen Unterschalwindkanälen. Dissertation, Universität Berlin, 1980

[26] Murakami, S., Mochida, A., Kondo, K.: Development of a new k-ε model for flow and pressure fields around bluff body. Journal of wind Engineering and Industrial Aerodynamics, 67&68 (1997) p. 169-182

[27]   Murakami, S., Mochida, A., Kondo, K.: Examining the k-ε model by means of a wind tunnel test and large-eddy simulation around a cube. Journal of wind Engineering and Industrial Aerodynamics, 35 (1990) p. 87-100

[28]   Murakami, S., Mochida, A.: Three-dimensional numerical simulation of air flow around a cubic model by means of large eddy simulation. Journal of wind Engineering and Industrial Aerodynamics, 25 (1987) p. 291-305

[29]   Murakami, S., Mochida, A.: Three-dimensional simulation of of turbulent flow around buildings using k-ε model. Building and Enviroment , Vol. 24, No. 1 (1987) p. 51-64

[30]   Murakami, S.: Current status and future trends in computational wind engineering. Journal of wind Engineering and Industrial Aerodynamics, 67&68 (1997) p. 3-34

[31]   Murakami, S.: Overview of turbulence models applied in CWE-1997. 2. EACWE, Genova, Italy (1997) p. 3-25

[32]   Nakamura, Y., Ohya, Y.: The effects of turbulence on the mean flow past two-dimensional rectangular cylinders. Journal of Fluid Mech. Vol. 149 (1984) p. 255-273

[33]   Nakamura, Y.: Bluff-Body aerodynamics and turbulence. Journal of wind Engineering and Industrial Aerodynamics, 49 (1993) p. 65-78

[34]   Niemann, H.-J. Ringversuche Bochum. Interner Arbeitsbericht. Aerodynamik im Bauwesen. (1988)

[35]   Niemann, H.-J.: The boundary layer wind tunnel: an experimental tool in building aerodynamics and environmental engineering. Journal of wind Engineering and Industrial Aerodynamics, 48 (1993) p. 145-161

[36]   Noll B.: Numerische Strömungsmechanik. Springer-Verlag Berlin Heidelberg 1993

[37]   Panneer Selvam, R.: Computation of flow around Texas Tech building using k-ε and Kato-Launder k-ε turbulence model. Engineering Structures, Vol 18, No. 11 p. 856-860 (1996)

[38]   Paterson, D., Apelt, C.: Simulation of flow past a cube in a turbulent boundary layer. Journal of wind Engineering and Industrial Aerodynamics, 35 (1990) p. 149-176

[39]   Paterson, D.: Simulation of flow past a cube in a turbulent boundary layer. Journal of wind Engineering and Industrial Aerodynamics, 35 (1990) p. 149-176

[40]   Ranga Raju, K.G., Loeser, J., Plate, E.J.: Velocity profiles and fence drag for a

turbulent boundary layer along smooth and rough flat plates. Journal of Fluid Mech., 76 (1976) p. 383-399

[41] Rodi, W.: Turbulence models and their application in hydraulics. State-of-the-art paper, International association for hydraulic reserrch, second revised edition, (1984)

[42] Rotta, J.: turbolente Strömung. Teubner-Verlag, Stuttgart (1972)

[43] Ruscheweyh, H.: Windwirkung an Baukonstruktionen I und II. Bauverlag 1982

[44] Sakamoto, H., Arie, M.: Flow around a cubic body immersed in a turbulent boundary layer. Journal of wind Engineering and Industrial Aerodynamics, 9 (1982) p. 275-293

[45] Schlichting ,H.: Grenzschichttheorie. Verlag G. Braun, Karlsruhe (1958)

[46] Schönung, B.E.: Numerische Strömungsmechanik. Springer-Verlag Berlin Heidelberg 1990

[47] Sigloch, H.: Technische Fluidmechanik. VDI-Verlag, 1990

[48] Sockel, H. : Aerodynamik der Bauwerke. Vieweg-Verlag, 1984

[49] Stathopoulos, T., Baskaran, A.: Boundary treatment for the computation of three-dimensional wind flow conditions aroud a building. Journal of wind Engineering and Industrial Aerodynamics, 35 (1990) p. 177-200

[50] Takeda, K., Kato, M.: Wind tunnel blockage effects on drag coefficient and wind induced vibration. Journal of wind Engineering and Industrial Aerodynamics, 41-44 (1992) p. 897-908

[51] Thom, A.: Blockage Correction in a Closed High Speed Tunnel, ARC, R+M 2033 (1943)

[52] Utsunomiya, H., Nagao, F., Ueno, Y., Noda, M.: Basic study of blockage effects on bluff bodies. Second International Colloquim on bluff body aerodynamics and application. Melbourne 7-10 Dec. (1992)

[53] Wilcox, D.C.: Progress in turbulence modeling for complex flow fields including effects of compressibility, NASA Tech. Paper,1517 (1980)

[54] Wright, N.G., Easom, G.J.: Development and validation of non-linear k-ε model for flow over a full-scale building. Wind and Structures, Vol.4, No. 3 (2001) p. 177-196

[55] Zhang, C.X.: Numerical predictions of turbulent recirculating flows with a k-ε model. Journal of wind Engineering and Industrial Aerodynamics, 51 (1994) p. 177-201

[56] Jones, W.P., Lauder, B.E.: The prediction of laminarisation with a two-equation model of turbulence. Int. J. Heat Masss Transfer, Vol. 15, p. 301-314 (1972)

www.ingramcontent.com/pod-product-compliance
Lightning Source LLC
Chambersburg PA
CBHW082340220526
45470CB00008B/2580